U0384854

农业栽培与智能技术应用

刘春梅　田　丽　倪红权　著

吉林科学技术出版社

图书在版编目（CIP）数据

农业栽培与智能技术应用 / 刘春梅, 田丽, 倪红权
著. -- 长春 : 吉林科学技术出版社, 2023.6
ISBN 978-7-5744-0569-1

Ⅰ.①农… Ⅱ.①刘… ②田… ③倪… Ⅲ.①智能技
术－应用－作物－栽培技术 Ⅳ.①S31-39

中国国家版本馆CIP数据核字(2023)第113908号

农业栽培与智能技术应用

著	刘春梅　田　丽　倪红权	
出 版 人	宛　霞	
责任编辑	杨雪梅	
封面设计	乐　乐	
制　　版	长春美印图文设计有限公司	
幅面尺寸	185mm×260mm	
开　　本	16	
字　　数	400 千字	
印　　张	7.75	
印　　数	1-1500 册	
版　　次	2023年6月第1版	
印　　次	2024年1月第1次印刷	

出　　版　吉林科学技术出版社
发　　行　吉林科学技术出版社
地　　址　长春市福祉大路5788号
邮　　编　130118
发行部电话/传真　0431-81629529 81629530 81629531
　　　　　　　　　81629532 81629533 81629534
储运部电话　0431-86059116
编辑部电话　0431-81629518
印　　刷　廊坊市印艺阁数字科技有限公司

书　　号　ISBN 978-7-5744-0569-1
定　　价　47.00元

编委表

主　编

刘春梅（黑龙江八一农垦大学）

田　丽（黑龙江八一农垦大学）

倪红权（五峰现代农业科技示范中心）

副主编

李晓光（邢台市农业科学研究院）

谢雨珊（邢台市农业科学研究院）

金禹竹（宝丰县农业技术推广中心）

李红信（宝丰县农业技术推广中心）

王东亮（平顶山市种子技术推广站）

杨云云（吴起县农业技术技推广中心）

李富珍（云南省普洱市江城哈尼族彝族自治县勐烈镇农业综合服务中心）

郭绪萍（镇坪县农业技术推广站）

杨永强（邢台市农业科学研究院）

李　艳（伊金霍洛旗苏布尔嘎镇人民政府）

王占铭（内蒙古兴安盟突泉县九龙乡综合保障和技术推广中心）

前　言

　　农作物是农业上栽培的各种植物，包括粮食作物、经济作物两大类。农作物的生长，离不开科学的科技生产技术，以及新型工业制造出来的能辅助农业生产的机械设备。农作物的栽培技术分为以下几点：第一，选择优良种子。所要栽培的农作物种子必须不带有病虫害。第二，整地。在播种之前需要进行整地，确保土地平整、土壤当中不含有石粒，保证种子能够在优良的土壤环境中生长发芽，出芽率高、出苗整齐。第三，确立播种期。根据气候的变化规律，结合作物的实际情况，合理确定作物播种日期。第四，合理施肥。在农作物的不同生长阶段对肥料及水分的需求量也不同，必须深入了解作物不同生长阶段的肥料需求，然后有针对性地进行施肥，确保农作物的生长质量。第五，中耕。其主要目的是疏松土壤，以调整土壤当中肥料、水分、空气等的均匀度。

　　农作物栽培是一门密切联系实际、直接服务于作物生产、实践性和针对性极强的学科。本书主要分析农作物栽培的基本理论知识及高产、优质、高效的栽培技术，同时对智能化栽培技术在蔬菜种植方面的应用进行深入探讨。智能化栽培技术作为一项农作物种植技术得到了广泛的应用，利用该项技术培育出来的农作物安全程度非常高，能够优化农作物种植步骤，确保农作物健康生长。与此同时，智能化栽培技术不仅节省了大量人工劳动力，而且对于进一步推广新兴技术有着极大的帮助。要加大技术的宣传推广力度，将智能化栽培技术优势发挥到最大限度。这对当前农业特别是种植业结构调整及农民。增收具有十分重要的意义。

　　本书编写过程中引用了一些著作和论文，在此对这些著作和论文的作者深表感谢！由于作者水平有限，错误和疏漏之处在所难免，敬请广大读者指正。

目　录

第一章　农作物生长与发育

第一节　作物的分类与分布

一、作物的概念

广义地讲，凡对人类有应用价值、为人类所栽培的各种植物都叫作作物，也就是栽培植物。有大面积种植的粮食作物、经济作物、牧草，还有小面积种植的蔬菜、花卉、药材，以及人工种植的果树、林木等。作物是劳动人民经过长期选择、驯化、栽培，由野生植物演化形成的有经济价值的植物。

狭义地讲，作物是指田间大面积栽培的农艺作物，即农业上所指的粮、棉、油、麻、烟、糖、茶、桑、蔬、果、中草药和其他杂粮。因其栽培面积大、地域广，又称为大田作物、农艺作物或农作物。

我国农业历史悠久，作物驯化、栽培、利用的历史也十分久远，栽种的作物种类繁多。我国古代称黍、稷、麦、稻、菽为五谷，我们常说的"五谷丰登"就是指粮食丰收。我国常见的栽培作物有 50 多种。随着科学技术的进步及人类对自然界认识的不断加深，栽培作物的种类也在逐渐增加。

二、作物的分类

栽培作物种类很多，仅常见农作物就有 100 多种，分属 20 多个科。每种作物由于人类的长期培育和选择，形成了众多的类型和品种。如此众多的作物品种，应采用统一的分类方法进行分类，否则会造成混乱。

对作物进行分类的方法有很多，常用的有以下 4 种：

（一）按植物学系统分类

按植物学系统分类，可明确作物所属科、属、种、亚种。如籼稻属于禾本科、水稻属、籼稻亚种。

01

（二）按作物生物学状况和生理生态特性分类

按作物对温度的要求，将作物分为喜温作物、喜凉作物（耐寒作物）。喜温作物生长发育要求温度较高，生物学下限温度一般在 10℃ 左右，在我国北方大部分地区 4 月下旬到 5 月初播种，9—10 月收获，如玉米、水稻、大豆、棉花、甘薯、花生、谷子、高粱等作物。喜凉作物生长发育要求的温度较低，苗期能忍耐一定程度的低温（在 0℃ 以下），能够利用北方晚秋和早春喜温作物不能利用的温度条件生长，一般秋种翌年夏收或早春播种夏季收获，如小麦、大麦、燕麦、油菜、豌豆、蚕豆、亚麻等作物。

根据作物对光周期的反应，将作物分为长日照作物、短日照作物、中间型日照作物等。长日照作物在生长发育过程中，必须有一段时间处于较长日照或较短的黑暗条件，否则不能开花结实，如麦类作物、油菜、甜菜、豌豆、马铃薯、草木樨、三叶草等属于此类。短日照作物正好相反，必须经过一段较短日照或较长的黑暗条件才能开花结实，谷子、糜子、水稻、玉米、高粱、大豆、棉花、麻、烟草、紫苏属于这一类。中间型日照作物的花芽分化受日照长度影响较小，只要其他条件适宜，一年四季都能开花，这类作物有菜豆、荞麦等。

根据作物对 CO_2 的同化途径，可将作物分为 C_3 作物、C_4 作物、CAM（景天酸代谢）作物。C_3 作物一般光合作用低，光呼吸作用强，物质生产潜力没有 C_4 作物高。常见的 C_3 作物有小麦、水稻、棉花、大豆等。C_4 作物光合效能高，没有光呼吸现象，物质生产能力强，常见的 C_4 作物有玉米、谷子、甘蔗、苋菜等。

根据作物对光照强度的反应，将作物分为喜光作物、耐阴作物、喜阴作物。耐阴和喜阴作物可在作物复合种植或立体种植中与高秆作物搭配种植。

根据作物对水分的反应及需水等级，将作物分为水生作物、水田作物、耐涝作物、耐旱作物。水生作物有菱角、水葫芦、水花生等，水田作物有水稻、莲藕等，耐涝作物有高粱等，耐旱作物有谷子、黍子等。

根据作物根系的形态特点，将作物分为直根系作物、须根系作物、块根作物、深根作物、浅根作物等。

（三）按农业生产特点分类

我国作物按播种季节可分为春播作物、夏播作物、秋播作物、冬播作物。由于不同播期会使作物处于不同的生态环境条件下，不同播种季节应选用不同的作物或不同的品种类型。

生产上根据作物播种密度和管理情况，将作物分为密植作物和中耕作物。密植作物行株距小，种植密度大，群体大，植株个体小，单株产量潜力小，如小麦、水稻等。中耕作物一般对土壤通气性要求高，田间种植需多次中耕松土，以利于其生长发育，如玉米、马铃薯、甘薯等。

按种植方式和目的可分为套播作物、填闲作物、覆盖作物。填闲作物和覆盖作物多为生育期短的豆科或其他作物。我国北方作物套播主要有冬小麦套玉米、冬小麦套棉花等。

（四）按用途和植物学系统结合分类

按用途和植物学系统结合分类是作物生产中最常用的分类方法。根据近年来作物生产发展需要、作物的特点和用途以及国外的一些划分方法，将作物分为以下五大部分：

1. 粮食作物（或食用作物）

①禾谷类作物属禾本科，主要作物有稻、小麦、大麦（包括皮大麦与裸大麦）、燕麦、黑麦、小黑麦、玉米、高粱、谷子、黍（稷）、蜡烛稗、薏苡等。蓼科的荞麦习惯上也列入此类。

②豆类作物属豆科，主要有大豆、蚕豆、豌豆、绿豆、小豆、豇豆、菜豆、兵豆、羽扇豆、鹰嘴豆、四棱豆等。主要生产植物性蛋白。

③薯芋类作物（或称根茎类作物）在植物学上的科属不一，常见的作物有甘薯、马铃薯、薯芋、豆薯、木薯、魔芋、凉薯、菊芋、莲藕等。薯芋类作物主要生产淀粉。

2. 经济作物（或称工业原料作物）

①纤维作物在植物学上的科属不一，生产各种纤维。主要有种子纤维作物棉花，韧皮纤维作物大麻、亚麻、黄麻、红麻、芝麻、苘麻等，叶纤维作物龙舌兰麻、蕉麻、剑麻、菠萝麻等。

②油料作物主要生产植物油脂，常见的有油菜、花生葵、蓖麻、苏子、红花等。

③糖料作物主要有甘蔗和甜菜，还包括甜叶菊、芦粟等。

④其他作物（主要是嗜好性作物）主要有烟草、茶叶、薄荷、咖啡、啤酒花等。

3. 绿肥及饲料作物

一般整株或部分器官用作饲料或绿肥。豆科中常见的绿肥及饲料作物有苜蓿、三叶草、紫云英、草木樨、田菁、沙打旺等，禾本科中常见的有苏丹草、黑麦草等，其他还有红萍、水浮莲、水花生、饲用甜菜、青饲冬黑麦、青饲及青贮玉米等。

4. 药用及调味品作物

药用作物种类繁多，栽培上常见的有人参、党参、枸杞、黄芪、射干、板蓝根、荆芥、甘草等。调味品作物有花椒、胡椒、八角、小茴香、辣椒、葱、蒜、生姜等。

5. 再生能源作物

生产替代化石能源的再生植物能源，主要是一些产量高、以碳水化合物为主要成分、蛋白质含量低的作物。

上述分类中，有些作物有多种用途，如大豆，既可食用，又可榨油；亚麻，既是纤维作物，又是油料作物；玉米，既是粮食作物，又是重要的饲料作物。可以根据具体用途，归入相应类型。

三、作物的分布

作物种类繁多，分布遍及世界各地，但不同国家和地区栽培种植的作物种类及面积各不相同。作物在世界各地的分布与作物本身的生物学特性、不同地区气候土壤特点、社会经济条件及人类生产活动密切相关。作物分布受多种因素制约，而且随着经济发展、科技进步和新品种的育成，作物分布也会发生变化。如过去玉米主要是食用，现在以饲用为主，而且随着新品种的育成，玉米的分布也扩大了；小麦现在也有冬麦北移的趋势。

（一）麦类作物

麦类作物属喜冷凉作物，既可秋播，又可春播。能利用晚秋至早春其他喜温作物所不能利用的光热资源，栽培范围遍布各大洲，但主要分布在北半球欧亚大陆和北美洲。

我国南北均有小麦种植，但其分布主要集中在秦岭以北、长城以南的北方冬麦区，面积占全国的 1/3 以上。

（二）水稻

水稻是喜温作物，生长期间要求较多的热量和水分，主要分布于东南亚和南亚水多、温度高的热带和亚热带国家和地区，其种植面积占世界水稻面积的 90% 以上。

我国水稻主要分布在淮河秦岭以南的亚热带湿润地区，北方由于水源所限，主要分布在水源充足的河流两岸及湖畔或有水源灌溉的地区，面积仅占全国水稻面积的 5% ~ 7%。

（三）玉米

玉米为喜温作物，适应性广，北美洲种植最多，其次是亚洲、拉丁美洲和欧洲。我国玉米栽培面积仅次于美国，位居世界第二。玉米虽耐旱，但生长旺盛期耗水量较大，月平均降水 100mm 最为有利，生育后期需较多的光照和一定的昼夜温差。因此，温带地区玉米种植面积最大。我国玉米主要分布在由东北到西南的一条斜形地带上。近年来，由于饲料需要，南方诸省玉米种植发展也较快。

（四）甘薯

甘薯喜温，适应性广，主要分布于热带、亚热带地区，亚洲种植面积占世界的 80%，其次是非洲。在我国，甘薯主要分布在长城以南地区，一年两熟地区种植得多一些。

（五）马铃薯

马铃薯喜冷凉气候，主要分布在高寒地区，欧洲总产量第一，南美洲第二，亚洲第三。亚洲马铃薯主要分布于北亚地区。中国马铃薯主要产于北方冷凉地区。

（六）谷子

谷子适应性强，耐干旱，耐瘠薄，抗逆性强。世界谷子主要分布于亚洲，其次是非洲。谷子是我国黄河流域最早种植的栽培作物，主要分布于北方及西北干旱地区。

（七）高粱

高粱抗旱、耐涝、耐盐碱，主要分布在亚洲、非洲及欧洲部分地区。北方低洼易涝地区、南方坡地及田埂上也广泛种植。

（八）大豆

大豆喜温，短日照作物。世界大豆产区主要在北美洲，其次是南美洲和亚洲。我国大豆主要分布在北方，东北春大豆区是我国最主要的大豆产区，华北平原以夏大豆为主，南方种植夏大豆或秋大豆。

（九）棉花

棉花是喜温、喜光作物，生长期要求充足的热量和雨量，但在纤维发育到成熟期需要晴朗而干燥的气候。世界棉花主要分布于亚洲，北美洲和非洲也有一定种植面积。我国棉花主要分布于黄河及长江中下游地区。新疆地区光照条件好，在有灌溉的地方，也有相当数量的棉田分布，新疆现已成为我国重要的棉花生产基地。

（十）油菜

油菜是喜凉作物，抗逆性强，适应性广，可冬播或春播，主要分布于亚洲、北美洲和欧洲。我国油菜主要分布于长江流域及西南地区，华北地区和黄河流域也是油菜的重要产区。

（十一）黄麻

黄麻是喜温作物，要求无霜期在 200d 以上，亚洲种植面积最大。我国黄麻主要分布于长江以南地区。

（十二）亚麻

亚麻喜冷凉，主要分布于高纬度的山西、内蒙古等地。

（十三）烟草

烟草的适应性强。由于主要收获叶子，种植范围广。在我国，烟草主要产区在河南、云南、贵州的一部分地区。

（十四）甘蔗

甘蔗是喜温作物，主要分布于北回归线以南的热带、亚热带地区。亚洲和南美洲是世界甘蔗集中产区，其次是非洲和大洋洲。在我国，甘蔗主要分布于热带、亚热带地区。

（十五）甜菜

甜菜喜冷凉，是欧洲制糖的主要原料。种植面积欧洲最大，其次是亚洲和北美洲。我国甜菜主要分布于北方冷凉地区。

第二节　作物生长与发育的特点

一、作物生长与发育的概念

在作物的一生中，有两种基本生命现象，即生长和发育。生长是指作物个体、器官、组织和细胞在体积、重量和数量上的增加，是一个不可逆的量变过程。如风干种子在水中的吸胀，体积增加，就不能算作生长，因为死的风干种子同样可以增加体积，而营养器官根、茎、叶的生长等，通常可以用大小、轻重和多少来度量，则是生长。发育是指作物细胞、组织和器官的分化形成过程，也就是作物发生形态、结构和功能上质的变化，有时这种过程是可逆的，如幼穗分化、花芽分化、维管束发育、分蘖芽的产生、气孔发育等。现以叶的生长和发育为例加以说明。叶的长、宽、厚、重的增加谓之生长，而叶脉、气孔等组织和细胞的分化则为发育。作物的生长和发育是交织在一起进行的。没有生长便没有发育，没有发育也不会有进一步的生长，生长和发育是交替推进的。

在作物栽培学中，有时将发育视为生殖器官的形成过程，这与通常将生长与营养生长联系在一起、发育与生殖生长联系在一起有关。

二、作物的生长发育特性

作物的生长和发育过程一方面由作物的遗传特性决定，另一方面受到外界环境条件的影响，因而表现出不同层面的生长发育特性。

（一）作物温光反应特性

在作物的个体发育过程中，植株由营养体向生殖体过渡，要求有一定的外界条件。温度的高低和日照的长短对许多作物实现由营养体向生殖体质变有着特殊的作用。作物生长发育对温度高低和日照长短的反应特性，称为作物的温光反应特性。

根据作物温光反应所需温度和日长，可将作物归为典型的两大类，即以小麦为代表的低温长日型和以水稻为代表的高温短日型。小麦植株在苗期需要一定的低温条件（又称春化阶段），并感受长日照（又称光照阶段），才能进行幼穗分化，低温和长日照条件满足得好，有利于促进幼穗分化，生育期缩短。相反，低温和长日照条件得不到满足，会阻碍植株由营养生长向生殖生长转化，生育期延长，甚至不能抽穗结实。根据小麦对低温反应的强弱，可分为冬性、弱（半）冬性和春性类型；根据对长日照反应的强弱，可分为反应迟钝、反应中等和反应敏感型。高温和短日照会加速水稻生育进程，促进幼穗分化。水稻对温光的反应特性表现为感光性（短日照缩短生育期）、感温性（高温缩短生育期）和基本营养生长性（高温短日照都不能改变营养生长日数的特性）。根据水稻对短日照反应的不同，可分为早稻、中稻和晚稻三种类型，早、中稻对短日照反应不敏感，在全年各个季节种植都能正常成熟，晚稻对短日照很敏感，严格要求在短日照条件下才能通过光照阶段，抽穗结实。值得注意的是，有些作物对日照长度有特殊的要求，如甘蔗要求在一定的日照长度下才能开花；有些作物对日照长短反应不敏感，如玉米。

由于作物的温光反应类型不同，即使同一个品种种植在不同的生态地区，生育期长短也不同。因此，在作物引种时，在温光生态环境相近的地区进行引种，易于成功。

（二）作物生长的一般进程

以营养器官为产品的作物，如甘蔗、烟草等，营养器官的生长直接关系到产量的多少。而以果实、种子生殖器官为收获物的作物，生殖器官发育所需要的水分和营养物质由营养器官供给。因此，作物营养器官生长的好坏，对最后的产量形成有重要作用。

1. "S"形生长过程

作物器官、个体、群体的生长通常是以大小、数量、重量来度量的。这种生长随着时间的延长而变化的关系，在坐标图上可用曲线表示。在生长速度（相对生长率）不变且空间和环境不受限制的条件下，作物的生长类似于资本以连续复利累积，称为指数增长，呈"J"形曲线。

实际上，当作物器官、个体、群体以"J"形生长到一定的阶段后，由于内部和外部环境（和空间、水、肥、光、温等条件）的限制，相对生长率下降，使曲线不再按指数增长方式直线上升而发生偏缓。这样一来，便形成了"S"形曲线。

"S"形曲线若按作物种子萌发至收获来划分，则可细分为4个时期：

（1）缓慢增长期

种子内细胞处于分裂时期和原生质积累时期，生长比较缓慢。

（2）快速增长期

细胞体积随时间而呈对数增大，因为细胞合成的物质可以再合成更多的物质，细胞越多，生长越快。

（3）减速增长期

生长继续以恒定速率（通常是最高速率）增加。

（4）缓慢下降期

生长速率下降，因为细胞成熟并开始衰老。

同一作物的不同器官通过"S"形生长周期的步伐不同，生育速度各异，在控制某一器官生育的同时，应注意这项措施对其他器官的影响。

2. 生长的极性现象

作物某一器官的上下两端，在形态和生理上都有明显的差异，通常是上端生芽、下端生根，这种现象叫作极性。

3. 作物的再生现象

作物各部分之间既有密切的关系，又有独立性。当作物失去某一部分后，在适宜的环

境条件下，仍能逐渐恢复所失去的部分，再形成一个完整的新个体，这种现象叫作再生。

三、作物的生育期和生育时期

（一）作物的生育期

1. 作物生育期的概念

作物从播种到收获的整个生长发育所需时间为作物的大田生育期，以天数表示。作物生育期的准确计算方法应当是计算其从籽实出苗到作物成熟的天数，因为从播种到出苗、从成熟到收获都可能持续相当长的时间，这段时间不能计算在作物的生育期之内。对于以营养体为收获对象的作物，如麻类、薯类、牧草、绿肥、甘蔗、甜菜等，则是指从播种材料出苗到主产品收获适期的总天数。棉花具有无限生长习性，一般将播种出苗至开始吐絮的天数计为生育期，而将播种到全田收获完毕的天数称为大田生育期。需要育秧（育苗）移栽的作物，如水稻、甘薯、烟草等，通常还将其生育期分为秧田（苗床）生育期和大田生育期。秧田（苗床）生育期是指出苗到移栽的天数，大田生育期是指移栽到成熟的天数。

2. 作物生育期的长短

作物生育期的长短不同，这主要是由作物的遗传性和所处的环境条件决定的。不同作物的生育期长短不同，如北京地区，冬小麦从10月初播种，到第二年6月上旬收获，生育期为250d左右；而夏玉米从6月中旬播种到9月底收获，其生育期约为100d。在长沙地区，早稻生育期为120d左右，晚稻生育期为130d左右，棉花生育期为130d左右，油菜生育期为210d左右。同一作物不同品种的生育期长短也不同，如北京地区春小麦3月上旬播种，6月中旬收获，生育期仅100d左右，不足冬小麦的一半。同为冬小麦（或冬油菜等），又有早熟品种、中熟品种和晚熟品种之分。早熟品种生长发育快，主茎节数少，叶片少，成熟早，生育期较短；晚熟品种生长发育缓慢，主茎节数多，叶片多，成熟迟，生育期较长；中熟品种在各种性状上均介于二者之间。在相同环境条件下，各品种的生育期是相当稳定的。但在不同条件下，同一品种的生育期会发生变化，如水稻属于喜温的短日照作物，当从南方向北方引种时，由于纬度增高，温度较低，日长较长，其生育期延长；相反，从北方向南方引种，由于纬度低，日长较短，温度较高，生育期缩短。又如，冬性强冬小麦为低温长日照作物，若作春小麦栽培则当年不能抽穗成熟。同一作物生育期长短的变化，主要是营养生长期长短的变化，而生殖生长期长短变化较小。此外，不同海拔高度和不同栽培措施对作物生育期也有影响。作物生长在肥沃的土地上或施氮较多，由于土壤碳/氮比（C/N）低，水分适宜，茎叶常常生长过旺，成熟延迟，生育期延长。土壤若缺少氮素，则生育期缩短。

3. 作物生育期与产量

一般来说，早熟品种单株生产力低，晚熟品种单株生产力高，但也不是绝对的。此外，从群体产量来看，早熟品种多适于密植，而晚熟品种多适于稀植。因此，早熟品种群体产量也不一定比晚熟品种低。

（二）作物的生育时期

在作物的一生中，受遗传因素和环境因素的影响，在外部的形态特征和内部的生理特性上，会发生一系列变化。根据这些变化，特别是形态特征上的显著变化，可将作物的整个生育期划分为若干个生育时期，或称若干个生育阶段。

现将各类作物通用的生育时期划分介绍如下：

1. 稻、麦类

一般划分为出苗期、分蘖期、拔节期、孕穗期、抽穗期、开花期、成熟期。

2. 玉米

一般划分为出苗期、拔节期、大喇叭口期、抽穗期、吐丝期、成熟期。

3. 豆类

一般划分为出苗期、分枝期、开花期、结荚期、鼓粒期、成熟期。

4. 棉花

一般划分为出苗期、现蕾期、花铃期、吐絮期。

5. 油菜

一般划分为出苗期、现蕾抽薹期、开花期、成熟期。

作物的生育时期是指某一形态特征出现变化后持续的一段时间，并以该时期始期至下一时期始期的天数计。例如，稻、麦类作物的分蘖期指的是分蘖始期起至拔节始期起之间所经历的天数。

值得说明的是，目前对各种作物生育时期的划分尚未完全统一，有的划分粗些，有的划分细些。例如，成熟期还可细划为乳熟期、蜡熟期和完熟期；玉米大喇叭口期以前，有人还划分出一段小喇叭口期；等等。另外，有些生育时期很难截然划分，如大豆的开花期与结荚期、结荚期与鼓粒期，甚至开花、结荚、鼓粒三个时期是前后重叠的。

（三）作物的物候期

作物生育时期是根据其起止的物候期确定的。所谓物候期，是指作物生长发育在一定外界条件下所表现出的形态特征，正在产生这种形态特征的时候。人们常人为地制定一个具体标准，以便科学地把握作物的生育进程。现以水稻、小麦、棉花、大豆的物候期为例加以说明。

1. 水稻

出苗：不完全叶突破芽鞘，叶色转绿。

分蘖：第一个分蘖露出叶鞘 1cm。

09

拔节：植株基部第一节间伸长，早稻达 1cm，晚稻达 2cm。

孕穗：剑叶叶枕全部露出下一叶叶枕。

抽穗：稻穗穗顶露出剑叶叶鞘 1cm。

乳熟：稻穗中部籽粒内容物充满颖壳，呈乳浆状，手压开始有硬物感觉。

蜡熟：稻穗中部籽粒内容物浓黏，手压有坚硬感，无乳状物出现。

成熟：谷粒变黄，米质变硬。

2. 小麦

出苗：第一片真叶出土 2 ~ 3cm。

分蘖：第一个分蘖露出叶鞘 1cm。

拔节：第一伸长节间露出地面约 2cm。

抽穗：麦穗顶部（不包括芒）露出叶鞘。

开花：雄蕊花药露出。

乳熟：胚乳内主要为乳白色液体。

蜡熟：胚乳内呈蜡状，粒重达到最大值。

完熟：籽粒失水变硬。

3. 棉花

出苗：子叶展开。

现蕾：第一个花蕾的苞叶达 3cm。

开花：第一果枝第一蕾开花。

吐絮：有一铃露絮。

4. 大豆

出苗：子叶出土。

分枝：第一个分枝出现。

开花：第一朵花开放。

结荚：幼荚长度 2cm 以上。

鼓粒：豆荚变扁，籽粒较明显凸起。

成熟：豆荚呈固有颜色，用手压有裂荚，或摇动植株有响声。

以上判断标准为观测单个植株时的标准。群体物候期的判断标准：10% 左右的植株达到某一物候期的标准时，称为这一物候期的始期；当 50% 以上植株达到标准时，称为这一物候期的盛期。

（四）作物的生长中心

作物的生长中心是指生长势较强、生长绝对量和相对量较大的部分。作物的各个生育时期均有自己的生长中心，作物的生长中心常以器官来划分，且作物生长中心与体内生理代谢及有机养分分配存在密切关系。

1. 生长中心与碳氮代谢

构成作物躯体及各种生命活动有关的有机物质主要为碳水化谷物、脂肪和蛋白质。在这三类物质中，脂肪主要供贮藏用，在种子、果实中含量较高，但很少参与代谢活动，即使被利用，通常也首先转化为糖。因此，在作物有机营养方面主要为碳（C）素营养与氮（N）素营养。

作物各个生育时期的器官生长及生长中心转移与体内 C、N 代谢盛衰及 C/N 大小存在密切关系。而且一旦通过外界影响改变 C、N 代谢关系，作物的器官生长和生长中心也随之发生变化。

生育前期为以 N 素代谢占优势阶段。这一阶段为作物苗期，蛋白质合成居优势。C/N 小，碳水化合物中可溶性糖的比率高，这一碳氮代谢特点是支持苗期生长中心——叶、根的生长所必需。这一阶段 N 素代谢旺盛，能促使苗壮早发，根、叶、分蘖（分枝）等营养器官生长良好。N 素代谢不活跃会使发根、长叶缓慢，甚至组织老化形成老苗、僵苗。

生育中期为 C、N 代谢并重（旺）阶段。这一阶段相当于以籽实为收获部位的作物的花器（幼穗）分化至开花前的生育阶段，块根、块茎作物的藤、薯两旺期和茎用作物的产品器官成熟期。本阶段 C、N 代谢并重，既支持营养器官的旺盛生长，又促进生殖器官或地下贮藏器官的形成。随着生育进程推进，C/N 逐渐加大，体内代谢由 N 素代谢占优势逐渐向 C 素代谢占优势过渡。本阶段若 N 素代谢过旺而 C 素代谢较弱，则会导致叶片徒长，茎秆软弱，使棉花、大豆等作物的蕾、荚脱落增多，产品器官的形成与成熟进程受到阻碍。

生育后期为以 C 素代谢占优势的阶段。这一阶段相当于以籽实为收获部位的作物的籽实发育期或块根、块茎作物的茎叶渐衰至薯块迅速膨大期。代谢特点是已从 N 素代谢占优势转为 C 素代谢占优势，且在碳水化合物中，贮藏态的淀粉、纤维素、半纤维素和木质素等大量积累，全株 C/N 达最大值，导致茎叶生长衰枯，而籽实或地下贮藏器官积累大量有机物而充分成熟。这一阶段如 N 素代谢过旺，便会发生贪青迟熟，使谷类作物的空秕粒增多，也使块根块茎作物茎叶继续旺盛生长而消耗大量养分，阻碍薯块的正常膨大。

2. 生长中心与养分分配及栽培实践的关系

作物各个生育时期处于生长中心的器官，生长势强、生长量大，对光合产物需求迫切，竞争能力强，因而也成为全株有机养分输入中心和养分分配中心。

生长中心的理论以及生长中心与 C、N 代谢及养分分配的关系，为作物栽培技术提供了重要的理论依据。生长中心理论说明作物的生育进程存在阶段性，栽培目标和栽培技术也应有阶段性。在作物栽培过程中，通过肥水等措施调节各阶段作物体内 C、N 代谢和协调器官生长，即能达到高产优质的生产目的。

第三节 作物器官的分化与生长

一、种子萌发

（一）作物的种子

植物学上的种子是指由胚珠受精后发育而成的有性繁殖器官，作物生产上所说的种子则是泛指用于播种繁殖下一代的播种材料，包括植物学上的 3 类器官：第一类即由胚珠受精后发育而成的种子，如豆类、麻类、棉花、油菜、烟草等作物的种子；第二类为由子房发育而成的果实，如稻、麦、玉米、高粱、谷子等的颖果，荞麦和向日葵的瘦果，甜菜的聚合果等；第三类为进行无性繁殖用的根或茎，如甘薯的块根、马铃薯的块茎、甘蔗的茎节等。

除营养器官的根和茎外，作物的种子一般由种皮、胚和胚乳（有时退化不明显）3 部分组成，但小麦、玉米、高粱等作物的种子不仅有种皮，还有果皮包被着，而水稻、大麦、粟等甚至还包括果实以外的内外稃。内外稃也是重要的保护构造。胚乳是种子养分的贮藏场所。有胚乳的种子，一般内胚乳比较发达，如禾谷类作物。有胚乳的双子叶作物有蓖麻、荞麦、黄麻、苘麻、烟草等。无胚乳的种子养分贮藏于胚内，尤其是子叶内，如棉花、油菜、芝麻、甜菜、大麻及大豆、花生等豆科作物。由于胚乳或子叶中贮藏养分多少关系到种子发芽和幼苗初期生长的强弱，选用粒大、饱满、整齐一致的种子，对保证全苗、壮苗有重要意义。

（二）作物种子萌发过程

种子的萌发分为吸胀、萌动和发芽 3 个阶段。种子吸收水分膨胀达饱和，贮藏物质中的淀粉、蛋白质和脂肪通过酶的活动，分别水解为可溶性糖、氨基酸、甘油和脂肪酸等。这些物质运输到胚的各个部分，经过转化合成胚的结构物质，从而促使胚的生长。生长最早的部位是胚根。当胚根生长到一定程度时，突破种皮，露出白嫩的根尖，即完成萌动阶段。之后，胚继续生长，当禾谷类作物胚根长至与种子等长，胚芽长达到种子长度一半时，即达到发芽阶段。在进行发芽试验时，可以此作为发芽的标准在田间条件下，胚根长成幼苗的种子根或主根，胚芽则生长发育成茎、叶等。作物种子在萌发过程中因下胚轴伸长与否，可分成子叶出土、子叶不出土和子叶半出土。禾谷类作物的根颈是调节分蘖节的重要器官，有的作物根颈可随播深加深而按比例增长，有的作物根颈较短。在生产上确定播种深度时，应考虑到该作物子叶是否出土以及根茎长短这些因素。

以块根繁殖的甘薯，依靠块根薄壁细胞分化形成的不定芽原基的生长发育突破周皮而发芽。马铃薯、甘蔗、芝麻等的发芽，则是由茎节上的休眠芽在适宜条件下伸长并长出幼叶。

（三）种子发芽的条件

种子和用以繁殖的营养器官能否发芽，决定于自身是否具有发芽能力，只有具备发芽能力的种子才可能发芽。除自身因素外，水分、温度和空气是发芽的主要条件。

1. 水分

吸水是种子萌发的第一步。种子在吸收足够的水分之后，其他生理作用才能逐渐开始。这是因为，水可以使种皮膨胀软化，氧容易透过种皮，增强胚的呼吸，也使胚易于突破种皮；水分可使凝胶状态的细胞质转移变为溶胶状态，代谢加强。在酶的作用下，贮藏物质转化为可溶性物质，促进幼芽、幼根的生长发育。不同作物种子吸水量不同，含淀粉多的种子吸水量较少；含蛋白质、脂肪较多的种子则吸水量较多。

2. 温度

作物种子发芽是在一系列酶的参与下进行的，而酶的催化与温度有密切关系。不同作物种子发芽所需最低、最适、最高温度是不同的，即使是同一种作物，也因生态型、品种或品系不同而有所差异。一般原产北方的作物需要温度较低，原产南方的作物所需温度较高。

3. 空气

在种子发芽过程中，旺盛的物质代谢和物质运输等需要强烈的有氧呼吸作用来保证，氧气对种子发芽极为重要。各种作物种子萌发需氧程度不同，如花生、大豆、棉花等种子含油较多，萌发时较其他种子要求更多的氧。而水稻种子与一般作物种子有些不同，水稻正常发芽也需要充足的氧气，但在缺氧情况下，水稻种子具有一定限度忍受缺氧的能力，可以进行无氧呼吸。但缺氧时间不能过久，否则影响幼根、幼叶生长，并且导致酒精中毒。

（四）种子的寿命和种子休眠

1. 种子的寿命

种子的寿命是指种子从采收到失去发芽力的时间。在一般贮存条件下，多数种子的寿命较短，一般为 1 ~ 3 年，如花生种子的寿命仅有 1 年，小麦、水稻、玉米、大豆等种子的寿命为 2 年。也有少数作物种子寿命较长，如蚕豆、绿豆能达 6 ~ 11 年。种子寿命的长短与贮存条件有密切关系，如低温贮存可以延长种子的寿命；保持种子密封干燥也可延长种子寿命，如小麦混生石灰贮存在玻璃瓶内，在第 15 年时，仍有 48.6% 的种子具有生活力。不过，作为生产用种，总是以新鲜种子为好。鉴别种子生活力的方法有 3 类：一是利用组织还原力，其原理是活种子有呼吸作用，而呼吸作用会使物质还原呈特定的颜色；二是利用原生质的着色能力；三是利用细胞中荧光物质。

2. 种子的休眠

在适宜萌发的条件下，作物种子和供繁殖的营养器官暂时停止萌发的现象，称为种子的休眠。休眠是作物对不良环境的一种适应，在野生植物中比较普遍，在栽培作物上表现较差。休眠有原始休眠和二次休眠之分，大数作物种子为原始休眠，即种子在生理成熟时或收获后立即进入休眠状态。但有些作物种子在正常情况下能萌发，由于不利环境条件的诱导而引起自我调节的休眠状态，此为二次休眠。在主要作物中，稻、小麦、大麦、玉米、高粱、豆类、棉花、油菜的种子和马铃薯的块茎等大多具有休眠特性。种子休眠的机理因作物而有不同，休眠的时间和深度也各异。胚的后熟是种子休眠的主要原因，即种子收获或脱落时，胚组织在生理上尚未成熟，因而不具备发芽能力。这类种子可通过低温和水分处理，促进后熟，使之发芽。其次是硬实引起休眠，硬实种皮不透水，不透气，故不能发芽。为促使硬实种子发芽，一般采用机械磨伤种皮或用酒精、浓硫酸等化学物质处理使种皮溶解，增强其透性。此外，种子或果实中含有某种抑制发芽的物质，如脱落酸、酚类化合物、有机酸等而不能发芽，也是种子休眠的主要原因。在这种情况下，可通过改变光、温、水、气等条件，或采用植物激素如赤霉素、细胞分裂素、乙烯和过氧化氢、硝酸盐等化学物质予以处理，使休眠解除。

二、根的生长

（一）作物的根系

作物的根系由初生根、次生根和不定根生长演变而成。作物的根系可分为两类：一类是单子叶作物的根，属须根系；另一类是双子叶作物的根，属直根系。

1. 单子叶作物的根系

单子叶作物如禾谷类作物的根系属于须根系。它由种子根（或胚根）和茎节上发生的次生根组成。种子萌发时，先长出 1 条初生根，有的可长出 3 ~ 7 条侧根，随着幼苗的生长，基部茎节上长出次生的不定根，数量不等。次生根较初生根粗，但均不进行次生生长，整个形状如须状。

2. 双子叶作物的根系

双子叶作物如豆类、棉花、麻类、油菜的根系属直根系。它由 1 条发达的主根和各级侧根构成。主根由胚根不断伸长形成，并逐步分化长出侧根、支根和细根等，主根较发达，侧根、支根等逐级变细，形成直根系。

（二）根的生长

禾谷类作物根系随着分蘖的增加根量不断增加，并且横向生长显著，拔节以后转向纵深伸展，到孕穗或抽穗期根量达最大值，以后逐步下降。根入土较深，水稻可达 50 ~ 60cm，而小麦可达 100cm 以上。小麦根系主要分布在 0 ~ 20cm 耕层土壤中，占总根量的 70% ~ 80%，20 ~ 40cm 的土层中占 10% ~ 15%。水稻根系也主要分布在 0 ~ 20cm 土层中，约占总根量的 90%，20cm 以上仅占 10% 左右。

双子叶作物棉花、大豆等的根系也是逐步形成的，苗期生长较慢，现蕾后逐渐加快，至开花期根量达最大值，以后又变慢，棉花根入土深度可达 80 ~ 200cm，约 80% 的根量分布在 0 ~ 40cm 土层中。大豆根入土深度可达 100cm 以上，但 90% 的根分布在 0 ~ 20cm 土层中。

一般说来，0 ~ 30cm 耕层中根分布最多，作物所吸收的养分和水分也主要来自这一土层。

（三）影响根生长的条件

1. 土壤阻力

根生长受阻力后，其长度和延长区减小，变粗，根的构造也发生变化，如维管束变小，表皮细胞数目和大小也发生改变，皮层细胞增大，数目增多。土壤耕作层比较疏松，有利于根系生长。

2. 土壤水分

土壤水分过少时，根生长慢，同时使根木栓化，降低吸水能力；水分过多时，因通气不良，导致根短且侧根增多。为使作物后期生长健壮，常常需在苗期控制肥水供应，实行蹲苗，促使根系向纵深伸展。

3. 土壤温度

根生长的土壤最适温度一般是 20 ~ 30℃，温度过高或过低吸水都少，生长缓慢甚至停止。

4. 土壤养分

作物根系有趋肥性，在肥料集中的土层中，一般根系比较密集，施用磷肥、钾肥能促进根系生长。

5. 土壤氧气

作物根系有向氧性，土壤通气性良好，是根系生长的必要条件。水稻之所以能够生活在水中，是因为其连接叶、茎、根的通气组织比较发达。维管束能有效地将氧气运输到根部，使之进行正常呼吸。

三、茎的生长

（一）作物的茎

1. 单子叶作物的茎

禾谷类作物的茎多数为圆形，大多中空，如稻、麦等。但有些禾谷类作物的茎为髓所充满而成实心，如玉米、高粱、甘蔗等。茎秆由许多节和节间组成，节上着生叶片。禾谷类作物基部茎节的节间极短，密集于土内靠近地表处，称为分蘖节，分蘖节上着生的腋芽在适宜的条件下能长成为新茎，即分蘖。从主茎叶腋长出的分蘖称为第一级分蘖，从第一级分蘖上长出的分蘖叫第二级分蘖，以此类推。禾谷类作物地上的节一般不分枝。

2. 双子叶作物的茎

双子叶作物的茎一般接近圆形，实心，由节和节间组成。其主茎每一个叶腋有一个腋芽，可长成分枝。从主茎上长成的分枝为第一级分枝，从第一级分枝上长出的分枝为第二级分枝，以此类推。有些双子叶作物分枝性强，如棉花、油菜、花生和豆类，分枝多，对产量形成有利；另一些双子叶作物分枝性弱，如烟草、麻、向日葵等，分枝多，对产量和品质反而不利。棉花主茎每一个真叶叶腋内有 2 枚芽，正中的为正芽，旁边的为副芽，正芽长成叶枝，为单轴枝，副芽长成果枝，为多轴枝。棉花主茎下部几个节长出的枝一般为叶枝，主茎中上部节长出的枝一般为果枝。

（二）作物茎的生长

禾谷类作物的茎主要靠每个节间基部的居间分生组织的细胞进行分裂和伸长，使每个节间伸长而逐渐长高，其节间伸长的方式为居间生长。双子叶作物的茎，主要靠茎尖顶端分生组织的细胞分裂和伸长，使节数增加，节间伸长，植株逐渐长高，其节间伸长的方式为顶端生长。从整个植株看，茎的增高进程表现为"S"形曲线。禾谷类作物拔节后不久，几个节间同时生长，是茎伸长最快时期。不同作物主茎节数不同，水稻一般为 10 ~ 17 节；小麦主茎共有 7 ~ 14 节，其中地上节一般为 4 ~ 5 节；高粱茎节数以 12 ~ 13 节居多，地下部 5 ~ 8 节极短，密生；谷子茎有 15 ~ 25 节，地上 6 ~ 17 节伸长。双子叶作物节数较多，如黄麻一般可达 40 ~ 50 节，油菜达 30 多节，棉花主茎有 20 多节，大豆有 10 ~ 30 节，因品种而异。作物植株高度差别很大，一般也是双子叶作物较高，单子叶植物较矮，如红麻、黄麻株高可达 3 ~ 5cm，而小麦株高 1 ~ 1.2cm。

（三）影响茎、枝（分蘖）生长的因素

1. 种植密度

合理种植密度和较稀种植，有利于作物主茎的生长。对于分枝（分蘖）的作物，种植密度影响分枝（分蘖）的形成。总的来说，苗稀，单株营养面积大，光照充足，植株分枝（分蘖）力强；反之，苗密，则分枝力（或分蘖力）弱。但从高产优质的角度看，作物应做到合理密植。

2. 施肥

施足基肥、苗肥，增加土壤中的氮素营养，可以促进主茎和分枝（分蘖）的生长。如氮、磷、钾施用比例得当，则更有利于主茎和分枝（分蘖）的生长。但氮肥过多，碳氮比例失调，对主茎、分枝（分蘖）生长不利。

3. 选用矮秆和茎秆机械组织发达的品种

矮秆品种或茎秆机械组织发达，有利实现丰产丰收。此外，矮秆品种适于密植，经济

系数较高，对稻、麦等增产有利。

四、叶的生长

（一）作物的叶

作物的叶根据其来源和着生部位的不同，可分为子叶和真叶。子叶是胚的组成部分，着生在胚轴上。真叶简称叶，着生在主茎和分枝（分蘖）的各节上。

1. 单子叶作物的叶

单子叶的禾谷类作物有一片子叶形成包被胚芽的胚芽鞘；另一片子叶形如盾状，称为盾片，在发芽和幼苗生长时，起消化、吸收和运输养分的作用。禾谷类作物的叶（真叶）为单叶，一般包括叶片、叶鞘、叶耳和叶舌4部分，具有叶片和叶鞘的为完全叶，缺少叶片的为不完全叶，如水稻的第一叶为鞘叶。

2. 双子叶作物的叶

双子叶作物有2片子叶，内含丰富的营养物质，供种子发芽和幼苗生长之用。其真叶多数由叶片、叶柄和托叶3部分组成，称为完全叶，如棉花、大豆、花生等；但有些双子叶作物缺少托叶，如甘薯、油菜等；有些缺少叶柄，如烟草等。很多双子叶作物为单叶，即1个叶柄上只着生1片叶，如棉花、甘薯等，有的在1个叶柄上着生2个或2个以上完全独立的小叶片，即为复叶。复叶又分三出复叶（如大豆）、羽状复叶（如花生）、掌状复叶（如大麻）。有的作物植株不同部位的叶片形状有很大的变化，如红麻，基部叶为卵圆形不分裂，中部着生3、5、7裂掌状叶，往上分裂又减少，顶部叶为披针状。

（二）作物叶的生长

叶（真叶）起源于茎尖基部的叶原基。在茎尖分化成生殖器官之前，不断地分化出叶原基，茎尖周围通常包围着大小不同、发育程度不同的多个叶原基和幼叶。主茎或分枝（分蘖）叶片数目的多少与茎节数有关，决定于作物种类、品种的遗传性，也受环境因素的影响。

从叶原基长成叶，需要经过顶端生长、边缘生长和居间生长3个阶段。顶端生长使叶原基伸长，变为锥形的叶轴（叶轴就是未分化的叶柄和叶片。具有托叶的作物，其叶原基部的细胞迅速分裂生长，分化为托叶，包围叶轴）。不久，顶端生长停止后，分化出叶柄。经过边缘生长形成叶的雏形后，从叶尖开始向基性的居间生长，使叶不断长大直至成熟。禾谷类作物的叶片在进行边缘生长的过程中，形成环抱茎的叶鞘和扁平的叶片两部分，其连接处分化形成叶耳和叶舌。然后，通过剧烈的居间生长，使叶片和叶鞘不断伸长直至成熟。作物的叶片平展后，即可进行光合作用，在叶片生长定型后不久达到高峰，后因叶片年龄老化而逐渐衰老，然后脱落或枯死。叶片的光合产物除一部分用于本身的呼吸和生理代谢消耗外，大部分向植株其他器官输出。叶从开始输出光合产物

到失去输出能力所持续时间的长短，称为叶的功能期。禾谷类作物的功能期一般为叶片定长到1/2叶片变黄所持续的天数，双子叶作物则为叶平展至全叶1/2变黄所持续的天数。叶片功能期的长短因作物种类、叶位及栽培条件而有不同。

在生产上，通常用叶面积指数来表示群体绿叶面积的大小，即叶面积指数等于总绿叶面积除以土地面积。在作物一生中，叶面积指数是从小到大，又到小，在生长发育盛期达最大值。

（三）影响叶生长的一些因素

叶的分化、出现和伸展受温、光、水、矿质营养等多种因素的影响。较高的气温对叶片长度和面积增长有利，而较低的气温则有利于叶片宽度和厚度的增长。光照强，则叶片的宽度和厚度增加；光照弱，则对叶片长度伸长有利。充足的光照有利于叶绿素的形成，叶片光合效率高。充足的水分促进叶片生长，叶片大而薄；缺水使叶生长受阻，叶片小而厚。矿质营养中，氮能促进叶面积增大，但过量的氮又会造成茎叶徒长，对产量不利。在生长前期，磷能增加叶面积，而在后期却又会加速叶片的老化。钾对叶有双重作用，一是可促进叶面积增大，二是能延迟叶片老化。

五、花的发育

（一）花器官的分化

1. 禾谷类作物的幼穗分化

禾谷类作物的花序统称为穗。细分起来，小麦、大麦、黑麦为穗状花序；稻、高粱、糜子及玉米的雄花序为圆锥花序，粟的穗也属圆锥花序，只是由于小穗轴短缩，看上去其外形像穗状花序。禾谷类作物幼穗分化开始较早，稻、麦作物一般在主茎拔节前后或同时，粟类作物则在主茎拔节伸长以后。幼穗分化完成期大致在孕穗以后或抽穗时。

2. 双子叶作物的花芽分化

棉花的花是单生的，豆类、花生、油菜属总状花序，烟草为圆锥或总状花序，甜菜为复总状花序。这些作物的花均由花梗、花托、花萼、花冠、雄蕊和雌蕊组成。双子叶作物花芽分化一般也较早，如棉花在2～3叶期即开始花芽分化。大豆无限结荚习性品种黑农11在第一复叶全展开，第二、三复叶初露时，腋芽即开始花芽分化；有限结荚习性品种太谷黄豆则在第七复叶出现时，第一朵花的花芽开始分化。南方冬油菜一般10多片叶时开始花芽分化。有的花生品种在主茎只有3片真叶时（出苗后3～4d），第一花芽即开始分化。由于双子叶植物花器官比较分散，花芽分化开始和结束时间各不相同。以上花芽分化开始日期是指第一个花芽开始分化时期。

（二）开花、授粉和受精

1. 开花

开花是指花朵张开，已成熟的雄蕊和雌蕊（或两者之一）暴露出来的现象。禾本科作物由于花的构造较为特殊，开花时，浆片（鳞片）吸水膨胀，内外稃张开，花丝伸长，花药上升，散出花粉。各种作物开花都有一定的规律性，具有分枝（分蘖）习性的作物，通常是主茎花序先开花，然后是第一次分枝（分蘖）花序、第二次分枝（分蘖）花序依次开花。同一花序上的花，开放顺序因作物而不同，由下而上的有油菜、花生和无限结荚习性的大豆等；中部先开花，然后向上向下的有小麦、大麦和玉米和有限结荚习性的大豆等；由上而下的有稻、高粱等。

2. 授粉

成熟的花粉粒借助外力的作用从雄蕊花药传到雌蕊柱头上的过程，称为授粉。作物自身花的花粉传至柱头上能否发芽和受精，与作物的自交亲和性和自交不亲和性有密切关系。具有自交亲和性的作物，可进行自花授粉，完成受精过程，这类作物称自花授粉作物，如水稻、小麦、大麦、大豆、花生等。若具有自交不亲和性，不能进行自花授粉，更不能完成受精过程，这类作物称异花授粉作物，如白菜型油菜、向日葵等。玉米虽无自交不亲和性，但因为雌雄同株异花，也称为异花授粉作物。另一类作物，具有自交亲和性，可以完成授粉受精过程，但异交率通常在 5% 以上，有的高达 40%，这类作物称常异花授粉作物，如甘蓝型油菜、棉花、高粱、蚕豆等。

3. 受精

作物授粉后，雌雄性细胞即卵细胞和精子相互融合的过程，称为受精。其大体过程：花粉落在柱头上以后，通过相互"识别"或选择，亲和的花粉粒就开始在柱头上吸水、萌发，长出花粉管，穿过柱头，经花柱诱导组织向子房生长，把两个精子送到位于子房内的胚囊，分别与胚囊中的卵细胞和中央细胞融合，形成受精卵和初生胚乳核，完成"双受精"过程。现以大豆为例说明，大约在自花授粉 6h 以后，进入胚囊的花粉管破坏一个助细胞后释放出内容物，其中包括两个精子。当两个精子分别与卵细胞和次生核接触时，精子失去原生质鞘，一个精子与卵核相融合，形成合子（受精卵），另一个精子进入次生核，与之相融合，形成初生胚乳核。

（三）影响花器官分化、开花、授粉、受精的外界条件

1. 营养条件

作物花器官分化要有足够营养，否则会引起幼穗和花器退化但氮肥过多对花器官分化也不利，因为幼穗分化或花芽分化期也正是作物营养生长盛期，氮肥过多，使营养器官生长过旺，会影响幼穗或花芽分化。

19

2. 温度

在幼穗分化或花芽分化期间要求一定温度，如水稻幼穗分化适宜温度为 26 ～ 30℃，临界低温是 15 ～ 18℃，温度过低会引起枝梗退化和颖花形成，甚至引起不育。作物在开花、授粉期间也需要适宜气温，如水稻开花需 30 ～ 35℃温度。若低于 20℃，花药不能开裂，高于 40℃则花柱干枯。对异花授粉植物来说，若温度低，除对开花不例外，还会影响昆虫的传粉活动。

3. 水分

小麦、水稻的幼穗分化阶段是需水最多时期，若遇干旱缺水，将造成颖花败育，空壳率增加。

4. 天气

天气晴朗，有微风，有利于作物开花、授粉和受精，这对于异花授粉作物更为重要。如果遇阴雨天，雨水会洗去柱头分泌物，花粉吸水过多会膨胀破裂，对授粉不利。

六、种子和果实发育

（一）作物的种子和果实

1. 禾谷类作物

1 朵颖花只有 1 个胚珠，开花受精后子房（形成果皮）与胚珠（形成种子）的发育同步进行，故果皮与种皮愈合而成颖果；颖果中果皮所占比例很小，主要为种子部分。

2. 双子叶作物

1 朵花可看数个胚珠，开花受精后子房与胚珠的发育过程是相对独立的，一般子房首先开始迅速生长，形成铃或荚等果皮，胚珠发育成种子的过程稍滞后，果实中种皮与果皮分离。

（二）种子和果实的发育

种子由胚珠发育而成，各部分的对应关系：受精卵发育成胚，初生胚乳核发育成胚乳，包被胚珠的珠被发育成种皮。受精卵连续分裂的结果，使胚不断长大，并依次分化出子叶、胚芽、胚根和胚轴，形成新的生命。在初生胚乳核发育成胚乳、积累贮藏养分的过程中，豆类、油菜等作物的胚乳会被发育中的胚所吸收，而把养分贮藏在子叶内，从而形成无胚乳种子；而水稻、小麦、玉米等作物则形成发达的胚乳组织，胚乳细胞起贮藏养分的作用，从而形成有胚乳种子。在胚和胚乳发育的同时，珠被也在长大，包被在胚和胚乳的外面起保护作用。

果实由子房发育而来，某些作物除了子房外，还有花器官甚至花序都参与果实的发育。例如，油菜的角喙由果喙、果身和果柄组成，其中果喙由花柱发育而成，果柄即原来的花柄。果实的发育与子房受到受精和种子发育的刺激有关。种子以外的果实部分，实际上由外果皮、中果皮、内果皮 3 层组成，中果皮和内果皮的结构特点决定了果实的特点。

种子和果实在发育过程中，除外部形态、颜色变化外，其内部化学成分也发生明显的变化，即由可溶性的低分子有机物转化为不溶性的高分子有机物，种子和果实的含水量也逐渐降低。

（三）影响种子和果实发育的因素

种子和果实的发育和形成，先要求植株体内有充足的有机养料，并源源不断地运往种子和果实。因此，作物前期必须生长发育良好，到成熟期间根系、茎叶等有较好活力。此外，在种子和果实成熟过程中，光合器官包括后期叶片和果实绿色表面的光合产物很重要。

外界环境条件也有较大影响，温度、土壤水分和矿质营养等要适宜，过低或过高都影响种子和果实的发育。此外，光照也要充足。

第四节　器官生长的相关性

正在生长的作物，其每一器官的生长发育，在某种程度上都受到另一器官的生理过程的影响。这种相互影响还存在于组织甚至细胞之间。作物器官、组织、细胞之间在生长发育上的相互影响，称为生长的相关性。

作物生长相关性的原因多种多样，有的是因为受同化物供应和分配的影响，有的是受水分和矿质营养供应的影响，但更多的生长相关性与激素或类似激素物质的影响有关。

一、地下部和地上部的相互关系

（一）根系与地上部器官之间的生长关系

根系生长依靠茎、叶制造的光合产物，而茎叶生长又必须依靠根系所吸收的水分、矿质营养和其他合成物质。

地上部器官和根系之间的关系主要是通过茎节相互联系，其通道是维管束，而中心则是节。维管束可分为木质部和韧皮部。木质部主要将根系吸收的水及矿质营养向上输送，而韧皮部主要将地上部的光合产物向下输送。

经过研究发现，稻、麦发根节位与节间伸长和出叶之间存在下列规律：

$$叶的出叶期 \approx (n-2) \sim (n-3) 节间伸长 \approx (n-3) 节发根$$

上式表明，任何一个叶片出叶的时期，就是这个叶片向下数的第二叶节与第三叶节之间的节间伸长期，同时也是这个节间下端节发根的时期。因此，发根节位与出叶节位大致有 3 个节位的间隔。

（二）根系重量与地上部重量的相互关系

根系与地上部（冠部）在各自的生长过程中，由于生理上的协调和竞争以及对同化物的需求和积累，在重量上表现为一定的比例。根系重与茎叶（冠部）重之比称为根冠比。

根冠比在作物生产上可作为控制和协调根部与冠部生长的一种参数。不同作物、不同品种的根冠比是不同的。同一作物、同一品种不同生育时期的根冠比也不一致。另外，还需注意根冠比是一相对的数值，如根冠比值大，有时并不一定是由于根系的绝对重量大，也可能是地上部的生长太弱所致。

根冠比对于块根、块茎作物来说，意义更为明显。在生育前期，这类作物冠部充分生长发育，形成繁茂的冠层，根冠比小。而到生长后期，这类作物要求根冠比大，若此时根冠比大，则生长后期的光合产物大量输送到块根（或块茎）中，使其得以迅速生长膨大，从而提高产量。

环境条件和栽培措施对根部和冠部的影响往往不一致。当氮素充足时，茎叶生长旺盛，根系所得光合产物相对较少，根冠比小；氮素缺乏时，茎叶生长受到抑制，根冠比增大。磷素有利于根系生长，供应充分可加大根冠比。水分过多，土壤中空气少，则根系呼吸作用受抑制，影响根系的正常生长，会降低根冠比。

二、营养生长和生殖生长的相互关系

营养生长是生殖生长的基础，生殖生长所需要的有机养料大部分是由营养器官供给的。尽管生殖器官幼嫩时也能自己制造一部分，但所占比例不大，所以要想获得生殖器官的高产量，必须了解两者在形态发生以及养分运输之间的关系，使促控措施得当，以期达到高产、稳产、优质、低耗的目的。

（一）营养器官和生殖器官形态发生的相互关系

生殖器官的发生要在一定营养体生长的基础上开始。也就是说，从作物的器官形态发生上讲，作物种子萌发后先发生营养器官，然后才发生生殖器官。

生殖器官的发生以及整个幼穗或花芽分化过程与其营养器官特别是展出叶存在一定的相关性。如水稻不论是何种品种，都是主茎倒 3 叶出生时，稻穗处于枝梗分化期；主茎倒 2 叶出生时，稻穗处于颖花分化期；主茎倒 1 叶（剑叶）出生时，稻穗处于花粉母细胞形成及减数分裂期。双子叶作物棉花等主茎平展叶数与内部分化果枝、果节数亦存在同步序列关系。特定品种在同一栽培地区和相近的播种期下，其同步序列相对稳定，因而我们可从外部形态推断内部幼穗或花芽分化进程。由此可见，了解每种作物器官发生的同步序列性可以指导栽培实践，使措施更有预见性和针对性。

（二）营养生长和生殖生长养分运转的关系

营养生长是生殖生长的基础。因此，如果想获得生殖器官的高产量，就必须促进营养器官的发展，这在生产上叫"搭丰产架子"。

营养器官与生殖器官之间也存在矛盾，主要是彼此间养料的竞争。营养生长过旺，消耗较多的养分，便会影响生殖生长。

生殖器官生长同样也会对营养器官生长产生影响。例如，小麦、水稻、玉米等禾谷类作物属一次结实作物，抽穗开花、籽粒成熟后营养器官随之死亡，这与营养物质的竞争存在一定相关性。开花时花器官强烈的呼吸代谢，使得营养体各部分物质集中供应。果实的长大更是需要大量有机物质，果实成熟后，茎秆也就干枯。即使是多次结实作物，如棉花等，虽然生殖器官的生长并未立即造成整株的衰亡，但对营养器官却有着深刻的影响。凡是结有伏前桃的植株，伏季长势稳健；没有伏前桃的植株，雨季一到，在高温多湿、供肥充足的条件下，往往造成徒长。

知道了营养生长和生殖生长关系，就可以在生产中进行适当的调节。以果实种子为收获对象的作物，在开花前，要重点培养壮苗，使营养器官健全生长，搭好丰产架子，为花果的生长准备雄厚的物质基础，同时要防止旺长，以免进入生殖生长期时不能建立起花果生长的优势。禾谷类作物在临近抽穗开花之前，要适当控制肥水，使叶色适当落黄（褪淡），以便及时转入生殖生长占优势的阶段，避免茎叶徒长。对于多次结实的作物，由于在相当长的时间内营养生长与生殖生长并进，更需要很好地协调两者的关系。一般在大量结实前，肥水应用上要稳，在培养壮苗的同时避免徒长，并应注意勿使营养生长过分削弱，避免后期早衰。棉花生产中提出的"轻施苗肥、稳施蕾肥、重施花铃肥、补施盖顶肥"的方法，正是对营养生长与生殖生长关系规律的具体应用。

三、营养器官间的相互关系

（一）叶与芽之间的生长相关性

每一个叶腋都有芽。叶的形成与芽（分蘖、分枝）的出生和生长都有密切的关系。如禾谷类作物稻、麦，一般在幼苗生长第 4 片叶时分蘖也开始发生，即当主茎 n 叶出生时，在 n-3 叶的叶腋内出现分蘖，并且所有的分蘖与主茎上叶的出生都同步。又如棉株在不同生育期，新展叶片与新生果枝之间也存在一定的同伸关系。据观察，始蕾期，新生果枝节比主茎展平叶（n）低个节位，即（n-2）；盛蕾期，新生果枝节位比主茎展平叶低一个节位，即始花期，新生果枝节位比主茎展平叶高 1 个叶位，即（n+1）；吐絮期，最上果枝节位（未打顶）比主茎展平叶高 2 个叶位，即（n+2）。

（二）主茎与分枝（H）间的生长相关性

一般草本植物，主茎生长基本或全部发生在主轴的顶部（禾本科作物有居间分生组织）。虽然在各片叶的叶腋都存在着侧芽，但是只要顶芽保持着旺盛的生长，通常就会抑制这些侧芽发育成为侧枝。然而，如果以某种方式或人工摘去顶芽或损伤顶芽，就会立即引起一

个或多个侧芽的发育，这种顶芽能抑制侧芽发育的现象，叫作顶端优势。如向日葵在正常情况下，顶端只生一个大花盘，但当除去顶芽后，其下部各叶之腋芽，就会代替一个大花盘而生出许多小花盘来。各种作物顶端优势表现不同，作物中顶端优势强的像玉米和高粱，一般不发生分蘖；水稻和小麦顶端优势弱，表现为除主茎外，还有许多分蘖。棉花生产中的打顶则是消除顶端优势，控制株高的办法。

主茎与分枝间在物质运输方面也有密切关系。如禾谷类作物稻、麦的分蘖是从主茎上长出来的，分蘖的发生必须由主茎供给足够的营养才能生长。如果主茎叶片的光合作用受到抑制，光合产物不足，则主茎叶片所制造的光合产物就减少，分蘖也会减少。当主茎开始幼穗分化时，整株的生长中心转向幼穗，光合产物主要向生长中心运输，就很少有光合产物输往分蘖。这时，分蘖就必须依靠自己来生活了。主茎和分蘖之间，从根系吸收的无机养分交流情况来看，在分蘖幼小时，分蘖所需的无机营养主要依靠主茎根系的吸收来供给。当分蘖长出 3 片叶时，分蘖有了自己的根系，可以独立吸收矿质营养，不需主茎供给了。但是，主茎和分聚根系所吸收的养分相互间的运输较多，任何一方取得的无机养分均可供给另一方利用。一般具有 3 片以上叶片的分蘖因有了自己独立的根系，可以自己成活下去，成为有效分蘖。而不足 3 片叶片的小分蘖因没有自己独立的根系，叶面积又小，光合能力弱，得不到足够的光合产物，会因"饥饿"而死亡，成为无效分蘖。

24

第五节　作物的"源、流、库"理论

现在常用源、库、流三因素的关系阐明作物产量形成的规律，探索实现高产的途径，进而挖掘作物的产量潜力。

一、源

作物产量的形成，实质上是通过叶片的光合作用进行的。因此，源是指生产和输出光合同化物的叶片。就作物群体而言，则是指群体的叶面积及其光合能力。尽管颖壳、叶鞘和茎的绿色部分也能进行光合作用，但干物质生产量很小。此外，在籽粒产量形成期，产量内容物除直接来源于光合器官的光合作用外，部分来源于茎鞘贮藏物质的再调运。但是，茎鞘贮藏物质同样来自叶片的同化作用，根系吸收的水和矿质元素参与产量内容物的合成也以叶片光合作用为基础。因此，作物群体和个体的发展达到叶面积大，光合效率高，才能使光源充足，为产量库的形成和充实奠定物质基础。在水稻、小麦、玉米、棉花等作物上，通过剪叶、遮光、环割等处理，人为减少叶面积或降低光合速率，造成源亏缺，都会引起产品器官的减少，如花器官退化、不育或脱落，或产品器官充实不良，如秕粒增多，粒重下降等。

源是产量库形成和充实的重要物质基础。一般情况下，源大即光合作用面积大、光合能力强、光合时间长、光合产物消耗少，加上光合产物积累和运转至收获产品的比例高（库大、流畅），产量就高。要争取单位面积上有较大的库容能力，就必须从强化源的供给能力入手。

禾谷类作物开花前光合作用生产的营养物质主要供给穗、小穗和小花等产品器官形成的需要，并在茎、叶、叶鞘中有一定量的贮备。开花后的光合产物直接供给产品器官，作为产量内容物而积累。不同作物开花前的贮备物质的再调运对籽粒产量的贡献率不同，水稻为0% ~ 40%，也有报道为10% ~ 30%，小麦为5% ~ 20%，高粱为20%左右。环境条件及栽培管理水平对开花前和开花后源的供给能力影响较大，在氮肥供应较少的低产栽培条件下，开花后光合作用逐渐降低，光合产物少，产量内容物主要依赖于花前贮备物。在高产栽培条件下，产量的大部分来自花后的光合产物。因此，花后的叶面积持续时间（LAD）长短与产量关系密切。

植株不同部位的叶片，其光合产物向籽粒转运的比例不同，小麦旗叶、倒2叶和倒3叶的转运值分别为39.9%、37.9%和12.9%。源的同化产物有就近输送的特性，如水稻、小麦、高粱等旗叶的光合产物对穗的贡献率较大；玉米穗3叶，尤其是穗位叶的光合产物主要供给果穗；大豆群体各层次叶面积大小与豆粒间有相关显著性（r=0.937），即叶面积大的层次，籽粒产量高。

除了叶面积大小和光合速率以外，颖花叶比、粒数叶比、粒重叶比等也用来表示源的供给能力或强度，其比值越高，说明单位叶面积供给物质量越多。研究发现，冬小麦粒叶比因群体结构类型和穗叶比的不同而有明显差异，产量为9 000 kg/hm² 以上的不同高产群体，其粒叶比变化于0.316 9 ~ 0.454 3。

二、库

从产量形成的角度看，库主要是指产品器官的容积和接纳营养物质的能力。产品器官的容积随作物种类而异，禾谷类作物产品器官的容积决定于单位土地面积上的穗数、每穗颖花数和籽粒大小的上限值，薯类作物则取决于单位土地面积上的块根或块茎数和薯块大小上限值。穗数和颖花数在开花前已决定，籽粒数决定于开花期和花后，籽粒大小则决定于灌浆成熟期。同样，块根或块茎数于生育前期形成，薯块大小则决定于生长盛期。

库的潜力存在于库的构建中。如玉米群体库的潜力由群体个体数及个体库潜力所决定，群体个体数决定穗数，个体库潜力与籽粒数量、体积和干重相关。籽粒数量潜力因无效花和败育粒而削减，其中未灌浆败育粒是主要削减因子，削减率也随群体密度的增大而增大。玉米籽粒体积与籽粒干重呈同步增长，两者呈极显著正相关（r=0.959），即籽粒体积大，容纳同化产物的潜力也大。生态条件对库的建成也有明显影响，据测定，玉米穗部

和基部光照强度与籽粒干重最大日增长量呈正相关（r=0.9618），与未灌浆败育粒数呈负相关（r=-0.936 8）；孕穗期至灌浆期水分亏缺会使小花数、受精花数减少，败育粒增多，库潜力降低。因此，改善群体冠层内的光照条件，加强水分、养分管理，可以促进库潜力的发挥。小麦库潜力的构成因素包括穗数、穗粒数、粒粒最大容积（μ/粒）和最大充实指数（g/μ）。籽粒最大容积与小麦前期群体及个体生育状况和籽粒形成过程所处的环境条件有关，充实指数与灌浆速度及灌浆期的气候条件有关。

禾谷类作物籽粒的贮积能力取决于灌浆持续期和灌浆速度，小麦灌浆持续期对产量的影响比灌浆速度大，灌浆速度主要受运输和贮积过程的限制。此外，灌浆持续期与籽粒大小有关，并受生态条件的影响。在灌浆持续期长的区域应增加粒数，在灌浆持续期短的区域要求灌浆速度快，否则粒小而不饱满。

禾谷类作物穗的库容量由籽粒数和籽粒大小所决定，两者有互补效应。小麦遮光和剪半穗处理，籽粒数减少，籽粒大小有所增加。但是，籽粒大小的增加不足以补偿粒数减少造成的穗粒重减轻。

三、流

流是指作物植株体内输导系统的发育状况及其运转速率。作物光合器官的同化物除一小部分供自身需要外，大部分运往其他器官供生长发育及贮备之用。光合作用形成的大量有机物质构成了较高的生物产量，如果运输分配不当，使较多的有机物留在茎和根之中，经济产量就会降低。

流的主要器官是叶、鞘、茎中的维管系统，其中穗颈维管束可看作源通库的总通道，同化物质运输的途径是韧皮部，韧皮部薄壁细胞是运输同化物的主要组织。在韧皮部运输的同化物质中，大部分是碳水化合物，小部分是有机氮化合物。同化物质的运输速度可用放射性同位素示踪法测定。不同作物，同化物运输速度不同，棉花为 35 ~ 40cm/h，小麦为 39 ~ 109cm/h，甜菜为 50 ~ 135cm/h。一般来说，C_4 作物比 C_3 作物的运输速度高。

同化物的运输受多种因素的制约。韧皮部输导组织的发达程度是影响同化物运输的重要因素。小麦穗部同化物的输入量与韧皮部横切面积成正比；水稻穗二次枝梗上颖花的花梗维管束比第一次枝梗上的面积小，而且数目少，运往二次枝梗颖花中的同化物也少；适宜的温度、充足的光照和养分（尤其是磷）均可促进光合作用以及同化产物由源向库的转运。

关于流大小的定量研究，在小麦上采用群体穗颈维管束总数、平均束通量和有效输导时间三者乘积来表示。束通量（mg/束·d）与维管束状态、库拉力、源推力及环境因子有关，有效输导时间（d）受遗传因素和环境影响较大。流的实际完成量可用灌浆强度乘灌浆时间等于粒重，再乘以单位面积总粒数（穗数乘穗粒数）求得，实际等于经济产量。

四、源、流、库的协调

综上所述，源、流、库是决定作物产量的 3 个不可分割的重要因素，只有当作物群体和个体的发展达到源足、库大、流畅的要求时，才能获得高产。实际上，源、流、库的形成和功能的发挥不是孤立的，而是相互联系、相互促进的，有时可以相互代替。

从源与库的关系看，源是产量库形成和充实的物质基础。作物在正常生长情况下，源与库的大小和强度是协调的。否则，若有较多的同化物而无较大的贮存库，或者有较大的贮存库而无较多的同化物，均不能高产。因此，要争取单位面积上的群体有较大的库容量，就必须从强化源的供给能力入手。水稻幼穗分化期遮光，降低源的供给能力，使每穗颖花数减少 40%，空秕粒率增加 50%，千粒重下降 10% 左右。库对源的大小和活性有明显的反馈作用。水稻去穗试验证明，去穗 6d 后叶片的光合速率比不去穗的对照株降低 52.3%，单茎积累的干物重仅为对照的 55.51%。由此可见，水稻叶片的光合速率和干物质积累量均受库器官的制约。在高产栽培中，适当增大库源比对提高源活性、促进干物质积累具有重要意义。

源、库器官的功能是相对的，有时同一器官兼有两个因素的双重作用。例如，禾谷类作物开花前的营养生长阶段，叶片是光合作用的主要器官，同时，由于叶片自身生长的需求，又是光合产物的贮存器官。茎的生长过程中贮积了大量有机物，开花后这些结构成分可能被"征调"转移到籽粒中。

从库、源与流的关系看，库、源大小对流的方向、速率、数量都有明显影响，起着"拉力"和"推力"的作用。对水稻进行剪叶、疏茎、整穗等处理，可能使植株光合产物分配有明显改变。粒叶比越高，即相对于源的库容量越大，叶片光合产物向穗部输送的越多，留在叶和茎中的越少。摘除小麦穗子籽粒时，标记同化物由剑叶到达茎之后，在茎中向上运输速度至少比完整穗存在时慢 1/3，同化物在根中积累量增加。通常，同化物的运输是由各生长部位的相对库容量决定的，如果使同化物更多地转运到穗器官，就必须增加穗的相对需求量（拉力）。

源、流、库在作物代谢活动和产量形成中构成统一的整体，三者的平衡发展状况决定作物产量的高低。一般来说，在实际生产中，除非发生茎秆倒伏或遭受病虫危害等特殊情况，流不会成为限制产量的主导因素。但是，流是否畅通直接影响同化物的转运速度和转运量，也影响光合速率，最终影响经济产量。关于输导系统发育与库关系的研究已有许多报道，如小麦茎秆大维管束系统的发育与小穗数、穗粒数及穗粒重相关极显著，穗下节间大维管束数与分化小穗数呈显著正相关；水稻穗颈维管束数与穗粒数呈显著正相关；粳稻穗颈维管束数主要由遗传因素控制，提高肥力和降低密度，穗颈维管束数变化不大，籼稻穗颈维管束发达，穗大粒多。因此，培育健壮的茎秆，使输导组织发达，可以促进库的形成。在高产品种选育时，穗颈大、小维管束数应作为选育的重要指标。

27

源、库的发展及其平衡状况往往是支配产量的关键因素。源、库在产量形成中相对作用的大小随品种、生态及栽培条件而异。中熟袖粳稻品种间源库特征及其与产量的关系明显不同。增源即可增产的品种，单位叶面积颖花数较多或粒重较高，叶源不足使结实率低，籽粒异步灌浆，茎鞘输出的干物重占籽粒增重的比率较高，可达22.4%～28.2%，表现出对源不足的较大补偿作用；增库即可增产的品种，单位叶面积颖花数较少或颖壳总容量小，叶源充足，结实率高，籽粒同步灌浆，茎鞘输出干物质占籽粒增重的比率低（4.8%～8.7%），这类品种的库容大小是决定产量的主导因素；源库互作型品种，源库关系较协调。该研究还发现，在不同氮素营养条件下，多数品种发生形变，因而，增产的主攻方向及措施应随之改变。

分析不同产量水平下源、库的限制作用，对于合理运筹栽培措施、进一步提高产量是十分必要的。一般来说，在产量水平较低时，源不足是限制产量的主导因素。同时，单位面积穗数少，库容小，也是造成低产的原因。增产的途径是增源与扩库同步进行，重点放在增加叶面积和增加单位面积的穗数上。但是，当叶面积达到一定水平，继续增穗会使叶面积超出适宜范围。此时，增源的重点应及时转向提高光合速率或适当延长光合时间两方面，扩库的重点则应由增穗转向增加穗粒数和粒重。水稻超高产栽培，产量的主要限制因素是库而不是源，只有在增库的基础上扩源，即在增加单位面积颖花数的基础上，提高抽穗后群体物质生产量，才能进一步提高产量。高产更高产的方向是既有高的最适叶面积指数，又有高的粒叶比。要提高最适叶面积指数，改良株型是主要途径，而粒叶比的提高离不开叶片光合特性的改良。由此可见，高产的关键不仅在于源、库的充分发展，还必须根据作物品种特性、生态及栽培条件，采取相应的促控措施，使源库协调，建立适宜的源库比。

第六节　作物的群体结构

一、群体的特征特性

群体的特征是在个体的基础上表现出来的，包括群体的形态特征、生长发育、群体内个体之间的关系和群体的自动调节等。

（一）群体的形态特征

群体的形态是个体形态的综合表现，由个体器官形成群体器官，如群体根、群体茎、群体叶、群体花、群体果实和群体种子等。它们来源于个体又不同于个体。无论是形状、颜色和大小，都有群体自己的特点。大麻群体中个体变短的节间和变少的分枝的平均值就是群体的节间长度和分枝数。小麦个体柔细的茎秆和黄色的麦穗，随风飘动，形成群体的一片滚动的金色麦浪。由于个体和群体的生长发育，群体的形态也在不断变化着。在生长发育初期，个体的叶子和茎秆均为绿色，整个群体亦呈绿色，并且个体处于苗期，植株不高，而群体的平均高度偏低，体积偏小，群体内空隙大，结构松散。当群体发育到中期，个体增高增宽，群体的结构变紧密，体积增大，特别是在开花以后，颜色也增加了花的不同颜色。到了后期，群体的高度、体积固定下来，颜色变紫或枯黄或增加果实颜色，这也是季相在群体中的表现。

（二）群体的生长发育

随着个体生长发育的进程，群体生长发育经历着初期、中期和后期。初期是从群体种植到群体个体成形，转入生殖生长以前的时期，此期个体和群体都处于营养生长时期。中期是从生殖生长开始到营养生长基本停止的时期，这时是营养生长和生殖生长并进的时期。后期是从营养生长基本停止而处于生殖生长时期。生长发育的各个物候期与个体生长发育相同。群体的各物候期，以 50% 以上个体都达到该物候期为标准，如小麦群体的抽穗期就是 50% 以上个体的穗露出剑叶 1/2 的日期，棉花群体的开花期为 50% 以上个体开花的日期。群体的生育时期以同样的方法计算天数。从 50% 个体出苗的日期到 50% 个体现蕾（抽穗）的日期，其间的天数为苗期，其他生育时期也是一样。

29

（三）群体内个体之间的关系

作物群体中个体不像单独存在的个体，它们除受大环境的影响之外，还受其他个体和群体内生境的影响，特别是在密植的情况下，个体与个体的影响尤为严重。

群体内个体间的关系，除了直接相互影响外，还受因个体所造成的群体内部的生存环境影响——个体与个体争夺水分、养料和空气，排泄物的积累以及相互间病虫传染等。因为群体内的个体属于同种，甚至是同一品种，它们的生活条件、生活方式以及生长发育进程是基本相同的，而群体内的生态条件又是有限的，这就造成了个体间必然竞争的事实。

由于个体与个体直接和间接的影响，群体中个体的光合强度、光合产物、呼吸强度和生物产量都会有不同程度的变化，并且往往与个体之间的邻接距离远近有关，个体邻接越近，互相影响越大。由于单位面积的株数不同，作物群体内个体的器官发育更受到不同的影响。

（四）群体的自动调节

自动调节是指生物为了生存而改变自身以适应环境的功能，这是生物的一种适应环境而生存的本能。作物群体亦具有自动调节的能力，包括形态调节、生理调节和数量调节 3 种形式。

1. 形态调节

在群体中，由于个体数量增多而与生活条件如光、热、水、空气和养料等下降发生矛盾。这样，个体则自动改变其形态，如叶子变淡、分蘖减少或死亡，以减轻个体与个体之间的矛盾。

2. 生理调节

生理调节是指生物内在生理功能变化而适应环境的能力。高等植物都具向性运动，如向地性、向光性和向水性等。在环境变坏的情况下，作物常自动调节生理功能，以继续生存下去。

3. 数量调节

在生态条件恶劣的情况下，一些幼小病弱个体自然而然地首先遭到损伤。严重时，个体互相争夺水分和养料，弱者失利，甚至死亡，"自然稀疏，强者保留"，这样可保持群体生存和正常生活。作物的基本苗和收获株数常不一致，除了"他疏"之外，还会因密度的压力而产生死亡。芝麻产区有"苗荒苗，胜似草荒苗"之说，这是因为出苗后，没有及时间苗而导致密度过大，引起群体内个体竞争而"自疏"的现象。

（五）群体的特性

30

群体是个体的集合体，有着本身的特殊性。

1. 形态特征的相似性和叠加性

在正常生长情况下，群体内个体的形态特征都是相似的，并且是可叠加的。群体内的个体属于同属，则它们都具有属的共同形态特征。群体内的个体属于同种，在种的范围内，在一定程度上，它们的形态特征均相似，并且作物分类越细，分类单元越低，相似的程度越大。这些相似的个体形态特征加起来就构成群体的形态特征。

2. 生长发育的一致性

从种到收，作物群体中个体的生长发育虽然有前有后，但总的来说大体一致。它们都有相同的器官和形成过程，并且经过相同的物候期和生育时期，在一定时间范围内，完成其生命周期，表现为群体生长发育的一致性。

3. 生态条件要求的共同性

作物群体由同类作物个体组成，它们对生态条件要求有一定的范围，在此范围内具有共同性。如果它们是同日照类型的作物个体，则它们有着共同日照长短的习性。

4. 资源利用的不充分性

作物群体要求一定的生态条件，利用一定的生活资源，包括自然资源如太阳能和土地资源，以及社会资源如化肥、农药和劳力资源等。这些资源有些属于可再生资源，有些属于不可再生资源，即一次性资源，利用完后，不能复得。前面已经指出，作物群体具有生长发育的一致性和生态条件要求的共同性，它们利用一定数量的共同需要的生活资源，必然剩下一些不需要的生活资源或未曾利用完的生活资源。因此，单一的作物群体不能够充分利用生活资源，特别是不可再生资源。水生作物群体只能利用水域中的水分、养料、水和土地资源，而陆生作物群体也只能利用陆地上的阳光、空气和陆地土地资源。大田作物中的豆类作物群体与根瘤菌共生固氮，不仅能利用土壤中的氮素养料，而且能增加土壤的氮素含量；一些深根豆类作物更可利用一些浅根作物所吸收不到的土壤深层的水分和养料。在一定的时期内，作物群体利用生活资源种类和数量是有限的，群体具有资源利用的不充分性。

5. 不良环境条件抗御的脆弱性

作物对生态条件的适应有一定的生态幅度，它们只能在一定生活条件的上下极限范围内正常生长。0℃以下的低温就会使柑橘受到冻害；芝麻每逢大雨，土壤含水量达到饱和后，易受渍害。作物群体与个体相比，其抵御不良环境条件的能力有所增强。但由于群体的共性，其抗逆能力有一定的局限性。

二、群体的田间结构

作物群体田间结构是指作物群体在田间的空间配置，包括水平结构和垂直结构。

（一）水平结构

作物群体在空间水平方向的配置称为水平结构，包括株距、行距、带宽和带距等。

1. 株距

株距关系个体的营养面积和生活空间的问题，对于群体生长发育好坏至关重要。株距过大浪费土地，株距过小，由于个体之间相互影响的关系，个体生长发育不良，影响群体的产量。因此，确定株距历来是作物种植的一项重要任务。中耕作物如芝麻等，在人工撒播的情况下，个体不规则地散布在地面，由于分布不匀，还需要间苗和定苗，使群体均匀留苗，有一个相对适宜的株距。飞播造林，将树种在高空用飞机撒播地面，自由散落，出苗后，就形成了初始的株距，经过自然稀疏，最后确定了成株株距。在穴植的情况下，如花生和水稻等无论点播和移栽，都是在开穴时即将株距定了下来，以后，有的作物仅进行疏苗和补苗，株距变更不大。在条播的情况下，中耕作物如棉花等，成行种植，播行在播种时就定下来了，而在行内播种的种子要多数倍，出苗后仍需间苗、定苗相补苗，按既定的株距留苗。非中耕作物如细小麦等条播后，行内不进行间苗、定苗，播下的种子自然分布，即构成个体的株距。株距的大小主要根据作物的形态特征，特别是株高、株型以及枝叶和根群状况来确定。一般植株高大，株型松散的作物，株距可大些；反之，可缩小株距。

2. 行距

行距是作物群体成行分布时其行间的距离。行距是作物田间结构规格优化的标志之一。在撒播或散状栽植的情况下，在地上不成行分布，株距不规则，距离不相等。有了行距，即横向株距大小也就确定了。同时，纵向株距即行内株距更容易定距。因此，作物群体成行分布，规定了行距和株距，作物个体间的距离才实现有数据可循的水平结构配置，以便实现机械化作业。

行距可分为等行距和宽窄行。前者是指种植行的距离完全相等，它的特点是调整方便，容易机械操作，适合"密行密株"的配置方法，它在密植作物和果树种植上应用较广。后者是指宽行距和窄行距相间配置，它的特点是宽行通风透光，减轻群体的郁蔽程度，但给机械操作带来麻烦，棉花和玉米等作物均有应用。行距的确定亦主要根据作物个体的株高、株型以及枝叶和根群状况来确定。树木和果树，树冠宽大，根群深广，行距都大，一般 3 ~ 10m。生姜和大蒜，株小根浅，行距都小，一般为 16 ~ 50cm。

3. 带宽和带距

作物带状种植时每一种植带的宽度为带宽，种植带之间的距离为带距。在我国南方为了排水防涝，将土地建成高畦，呈鱼背形，俗称厢，作物成带状种植厢上，带宽为 200 ~ 300cm，带距为 27 ~ 50cm。在果树种植中，亦有带状种植方式，2 ~ 4 行为一带，带距为行距的 3 ~ 4 倍。

（二）垂直结构

群体的垂直结构是指群体的个体及其器官在空间垂直方向上的分布。垂直结构一般可分为三层，即地下层、中层和上层，必要时在三层中间再细分一些层次。有些作物的器官分布界限比较明显，如麦类等。另一些作物除了根部以外，茎、叶、花、果实和种子都是交叉分布，特别是茎、叶，都是混在一起生长。因此，这类作物的层次不太分明，并且随生长发生相应的变化，如棉花和大豆等。

1. 地下层

此层的主要功能是吸收水分和矿物养料，它还可再分茎根层、根密集层和根下层。茎根层是离地面最近的一层，由埋在土里的部分茎和根组成，如块茎和块根作物，这一层占地下层体积的比例较小。在茎根层以下是根密集层，它是地下层的主体，在比例上和功能上都占主导地位。作物群体绝大部分的水分和矿物养料是从这一层吸收的。这一层的生长对于地上部的生长发育具有极为重要的意义。根下层在根群的最下部，它的功能是分生组织，产生侧根，并使根群向纵深发展。

2. 中层

此层是地面上的第一层，下面连接地下层，主要由茎和部分叶子构成，功能在于支持上层和连通根系，输送吸收层吸收的水分和无机养料给花、果实和种子，同时输送叶子制造的有机养料给地下层。这一层有的作物主要是指茎干，如麻类和树木，有的茎、叶、果实混生，如番茄和蚕豆等。后一种还可分一些层次，如叶子衰退的稀疏层和叶子繁茂的密集层。

3. 上层

此层由叶、花、果及上部茎枝组成，主要功能是进行光合作用，造成有机物，产生种子传递后代，这是有些作物最重要的层次，关系着最终的产量高低。尤其是地上部层次分明的作物，如小麦和水稻，其上部功能叶和结实穗组成的上层对于产量起着决定性作用。一些树木的树冠、油菜和向日葵的花枝、花盘和部分上部叶，也是形成产量的关键部分。地上部分茎、叶、花、果实混生的作物，特别是陆续开花结果的作物如芝麻等，在中层叶子衰老后，其后期的生长发育仍主要靠上部叶子活动而维持生活。

第二章　农作物栽培措施

第一节　播种与移栽

一、播种

（一）整地

整地是指作物播种或移栽前一系列土地整理的总称。整地的目的在于通过土壤耕作的机械作用，创造良好的土壤耕层构造和表面状态，达到"平、净、松、碎"的要求，使土壤的水、肥、气、热状况互相协调，提高土壤有效肥力，为作物播种和生长发育提供良好的土壤生态环境。整地包括土壤基本耕作和表土耕作。

1. 基本耕作

基本耕作，又称初级耕作，指入土较深、能显著改变耕层物理性状、后效较长的一类土壤耕作措施。包括翻耕、深松耕和旋耕。

①翻耕：以铧犁或圆盘犁耕翻土壤的耕作方法。具有翻转耕层、疏松土壤，掩埋有机肥料、作物残茬、杂草、病虫有机体和清理田间等作用。确定翻耕深度的依据，一是土层的厚度和可能熟化的程度，二是作物根系发育的特点。一般旱地以 20 ~ 25cm、水田以 15 ~ 20cm 较为适宜。

②深松耕：用无壁犁、深松铲、凿形铲疏松土壤而不翻转土层的一种深耕方法。耕深

可达 25 ~ 30cm，最深为 50cm。深松耕按操作方法又有全面深松耕和间隔深松耕之分。对耕层进行全面深松的，称为全面深松耕。只耕松一部分耕层，而另一部分耕层保持原有状态的，称为间隔深松耕。深松耕的作用：一是加深耕层、熟化底土，有利于作物根系深扎；二是不翻转土层，后茬作物能充分利用原耕层的养分，保持微生物区系；三是蓄雨贮墒，减少地面径流；四是保留残茬，减轻风蚀、水蚀。

③旋耕：利用旋耕机旋转的犁刀切削、破碎土块，疏松耕层的一种土壤耕作方法。一次旋耕既能松土，又能碎土，土块下多上少。旋耕机耕深 10 ~ 12cm，多年连续单纯旋耕，易导致耕层变浅与理化状况变劣，故旋耕应与翻耕轮换应用。

2. 表土耕作

表土耕作或称次级耕作，是指配合基本耕作措施使用的入土较浅，作用强度较小，旨在破碎土块、平整土地、消灭杂草的一类土壤耕作措施。主要包括耙地、镇压、作畦、起垄、中耕等作业。

①耙地：对已耕翻的土壤或表土进行碎土、松土、平整，形成地表土覆盖的措施。一般耕深 5 ~ 8cm，不超过 10cm。耙地可在作物收获后、翻耕后、播种前，甚至出苗前、幼苗期进行。一般用钉齿耙或圆盘耙进行。

②镇压：利用重力作用于土壤表层的耕作措施。具有压实土壤、破碎土块和保墒的作用。一般作用深度 3 ~ 4cm，重型镇压器的作用深度可达 9 ~ 10cm。播后镇压可使上下层土壤毛细管连接起来，并使种子和土壤紧密接触，以利于种子发芽。但在土壤黏重、紧密和湿度大的情况下，播后不能镇压。镇压的方式因作物不同而异，一般密植作物地里进行全面镇压，中耕作物地里进行局部镇压。

③作畦：结合整地将耕地做成一定规格畦面并以畦沟或畦埂间隔的耕作措施。为方便灌溉排水和田间管理，播种前一般需要作畦。畦有平畦和高畦两种。平畦是为了方便灌溉，在畦面四周筑畦坡而成。如北方旱地作畦，一般畦长 10 ~ 50m 不等，畦宽 2 ~ 6m，为播种机宽度的倍数，四周作宽约 20cm、高 15cm 的畦埂。灌水时由畦的一端开口。高畦是为了方便排水，在畦面四周开沟而成。如南方种棉花、油菜、大豆等旱作物，畦宽 2 ~ 3m，长 10 ~ 20m，四面开沟排水，防止受涝。

④起垄：在平整的耕地上开沟培土形成作物种植面的土壤耕作措施。起垄是垄作的一项主要作业，垄宽 40 ~ 70cm 不等。起垄具有多种作用：一是增加土壤与大气接触，增大阳光照射面，升温透气；二是促进作物上层根系，特别是气生根的生长以及块根、块茎的膨大；三是平地起垄利于灌水排水，山区可保持水土。

⑤中耕：在作物行间对表土进行土壤耕作的措施。中耕的深度一般为 3 ~ 10cm。中耕的作用是破土表板结、增加土壤通透性、减少水分蒸发和除草等。

多数表土作业在翻耕后进行，以便对耕翻的田地做进一步整理，创造适于作物播种、出苗及生育的土壤条件。

3. 少耕和免耕

少耕是指在常规耕作基础上尽量减少土壤耕作次数或全田间隔耕种、减少耕作面积的一类耕作方法。此方法有残茬覆盖、蓄水保墙、防水蚀和风蚀作用，但杂草危害严重，应配合杂草防除措施。

免耕又称零耕，指作物播种前不用犁、耙整理土地，直接在茬地上播种，在播后和作物生育期间也不使用农具进行土壤管理的耕作方法。免耕的基本作用：一是以生物措施代替机械的基本耕作措施松土、改善耕层构造；二是以化学措施代替传统措施的机械除草、翻埋害虫和病菌。

少耕、免耕不仅减少耕作、保护土壤、节省劳力、降低成本，还可争取农时，及时播栽，扩大复种。但少耕、免耕也有其缺点，主要表现：土壤有紧实趋势，不利于根系生长；耕层变浅，养分集中于土表；化肥面施，流失严重；草害严重，除草剂污染环境；土壤温度下降；作物容易早衰。

（二）播种期的确定

播种是指将播种材料按一定数量和方式，播入一定深度土层中的作业。播种期即播种的时期。播种适期是指使作物从种子萌发到成熟的各个生育时期获得有利环境条件的播种时期。影响作物播种适期的主要因素包括品种特性、温度、土壤水分、种植制度和病虫害等。适时播种是作物高产优质的重要措施。

1. 品种特性

作物种类不同、同种作物的不同品种，生长发育特性也不相同。影响作物种期的生长发育特性主要是作物的光温反应特性（感温性、感光性和春化作用）和生育期长短。春性强的小麦、油菜品种，宜适当迟播，早播易引起早穗或早花，产量降低；冬性强的品种宜早播，能发挥品种特性，生长时间长，分枝分蘖多，不致出现早穗、早花或早薹现象。水稻早、中、晚稻品种对温度高低、光照长短反应不一，播期适应范围也不一样。早稻品种感温性强，不耐迟播，因为其感光性弱，所以可在早季种植也可在晚季种植；中稻品种的基本营养生长期较长，有一定的感光性，早播早熟，迟播期熟，播种适期范围较大；晚稻品种的感光性和感温性均较强，早播营养生长期过长，浪费生长季节，过迟播种，则不能安全齐穗，因而，播种适期范围窄。相同类型的作物不同品种间生育期长短的差异也影响其播种适期，一般生育期长的迟熟品种播种适期可调性大。

2. 气候因素

根据播种季节的不同，可将作物分为春播作物、夏播作物和秋播作物。春播作物如早稻、早大豆、早甘薯、早花生、春玉米、棉花、甘蔗、烟草等。一般春播的播期范围从惊蛰至谷雨，南方偏早，北方偏迟。夏播作物如晚稻、夏大豆、晚花生、夏玉米等。夏播作物的播期范围从小满至夏至，随纬度升高而推迟。秋播作物包括麦类作物、油菜、蚕豆、豌豆等。这类作物的播期范围从秋分至立冬，北方偏早，南方偏迟。

影响作物播种适期的气候因素主要是温度（气温和土温）和当地灾害性天气出现的时段。针对当地的气候条件，确定作物适宜播种期的基本原则：掌握早播和迟播的界限，避开当地不利的天气条件，保证作物顺利出苗和生长发育安全。

对于春播和秋播作物，把握早播和迟播的界限很重要。春播作物如果播种过早，易受低温伤害；但若播种过迟，因气温升高，生长加速，营养生长不足，或易遭灾害性天气和病虫的危害，致产量下降。春播作物的早播界限，一般以当地日均温稳定通过作物生长最低温度为标准。秋播作物早播可利用冬前的光、温条件，有利于出苗和苗期生长。但播种过早易出现早花早薹，遭受低温冻害，或孕穗期遭早春低温的伤害。

确定作物的播期，还要考虑作物对温度的敏感期和避开不利的气候条件。如水稻孕穗期和抽穗期对温度敏感，35℃以上或22℃以下均会导致空壳率增加，南方双季稻区晚季稻如果播种迟，则在齐穗期有可能遭遇寒露风的影响而大幅减产。

3. 作物种植制度

影响作物播种适期的种植制度因素，主要是多熟种植中茬口的衔接。适宜播种期的确定应根据前作的收获期安排后作的播种期或移栽期，保证后作移栽的苗龄适宜或避免套作共生期过长。

4. 病虫害

根据当地作物种类和病虫发生规律，适当提前或延迟播种期是避开或减免病虫危害的有效措施，也是确定适宜播种期的依据之一。

（三）播种量的确定

播种量是指单位面积所播播种材料的数量。种子的播种量可按下式计算：

$$播种量（kg \bullet hm^{-2}）= \frac{每公顷基本苗数 \times 种子千粒重（g）}{种子发芽率 \times 种子净度 \times 出苗率 \times 1000 \times 1000}$$

基本苗数决定于气候条件、作物种类和品种类型、土壤肥力和生产管理水平。种子千粒重、发芽率和种子净度可在播种前通过种子检验获得，出苗率按常年出苗率的经验数字估算或通过实验获得。种子净度是指在一定量的种子中，正常种子的重量占总重量（包含正常种子之外的杂质）的百分比。

（四）种子处理

种子处理是指在作物种子收获后至播种前，为提高种子和幼苗质量而采取的有效措施，包括物理、化学、生物的方法。种子处理的作用：精选种子；杀灭种子所带的病虫害；增强种子活力；提高种子对不良环境的抵抗力；打破休眠，促进发芽；改变种子形状与大小，便于机械播种。目的是播种后，使发芽迅速整齐，出苗率高，苗全苗壮。

1. 种子清选

播种用种子必须保证纯度 96%、净度 95% 及发芽率 90% 以上。因此，播种前应对种子进行清选，剔除空、枇、机械损伤、杂草和病虫种子。种子纯度即品种纯度，是指该品种在特征特性方面典型一致的程度，用品种的种子数占供检本作物样品种子数的百分率表示。常用的种子清选法有以下几种：

①筛选：根据种子的形状、大小、长短和厚度，选用筛孔适当的筛子，用人工或机械对种子过筛分级，剔除杂物、虫瘿、杂草种子等。

②风选：利用种子与夹杂物的乘风率不同进行分选。乘风率指种子对气流的阻力和种子在气流压力下飞越一定距离的能力。种子的乘风率（K）可用种子的横断面积（C）与种子重量（B）之比来表示，即 $K = C / B \left(\mathrm{cm}^2 \cdot \mathrm{g}^{-1} \right)$。常用的风选工具有风车、风扬机、簸箕和种子精选机。精选机将种子落在振荡而倾斜的筛台上，筛台下的风扇所产生的气流使筛台上不同比重的种子朝不同的方向移动，比重轻的空枇籽粒从台上边筛落，比重大的饱满籽粒从下边筛落，而比重适中的籽粒从筛台中间筛落，从而分离出饱满的种子。

③比重液分选：利用液体比重分选轻重不同种子，充实饱满的种子下沉，枇粒上浮，中等重种子则悬浮在液体中部。常用的液体有清水、盐水、泥水、硫酸铵水等。液体比重的配置须根据作物种类和品种而定。经溶液分选后的种子须用清水洗净，以免影响种子发芽。

2. 种子预处理

常用的种子预处理方法包括以下几种：

（1）晒种

晒种的作用：一是增强种子酶的活性，提高胚的生活力；二是增强种皮的透性，使种子干燥一致，浸种后吸水均匀，提高发芽率和发芽势；三是利用太阳光谱中的短波光和紫外线的杀菌能力杀灭病菌。晒种一般在播种前 1 ~ 2d 内进行。

（2）消毒

有些作物的病虫害可通过种子传播，种子消毒是预防作物病虫害的有效措施之一。水稻的恶苗病、稻瘟病、白叶枯病、干尖线虫病、稻粒黑粉病，小麦的腥黑穗病、秆黑粉病、叶枯病，棉花炭疽病、枯萎病、黄萎病，油菜的霜霉病、白锈病等，经过种子消毒可得以防治。

（3）浸种催芽

种子发芽除种子本身需具有发芽能力外，还需要一定的温度、水分和空气。当这些条件满足种子发芽的要求时，种子才能发芽。浸种催芽就是创造种子发芽所需的适宜条件，促进种子播后迅速扎根出苗。

浸种是指在播种前用清水浸泡种子，让种子吸足水分。种子吸水不足，则发芽率低，吸水过度又会使养分外溢，播后易烂种。催芽是指创造适宜的温度、湿度条件，促进芽的生长、休眠芽发育、种子发芽的过程。

浸种时间和催芽温度随作物种类和季节而异。气温低浸种时间长，反之则短。浸种过程中需每天换水，以保持水质清新。达到催芽标准后，要降温炼苗。水稻、棉花等作物常采用浸种或浸种催芽的方式。

（五）播种方式

播种方式是指作物种子在单位土地面积上的分布状况，亦即株行配置。播种的方式有4种，即撒播、条播、点播和精量播种。生产上因作物的种类、气候、土壤及栽培目的的不同分别采用不同的播种方式。

1. 撒播

整地之后，将种子直接均匀撒布在地面，然后覆土镇压，称为撒播。撒播没有行株距。优点是单位面积内的种子容纳量较大，土地利用率较高，省工抢时。缺点是种子分布不均，深浅不一，出苗率低，幼苗不整齐，杂草较多，田间管理不便。所以，撒播要求精细整地，提高播种质量，才能落籽均匀，深浅一致，出苗整齐。撒播一般用于生长期短的、营养面积小的速生作物，或用于育苗。如一些速生蔬菜以及水稻、油菜等育苗时采用撒播。

2. 条播

按一定的行距开窄条沟、无株距播种，称为条播。此方式的优点是田间管理较为方便，而且因条播机比较普及而较易施行，是目前较为普遍应用的播种方式。一般适用于生长期较长和营养面积比较大以及需要中耕培土的作物。

根据行距及播幅宽窄，条播又分为窄行条播、宽行条播、宽幅条播、宽窄行条播。窄行条播一般行距为 15 ~ 20cm，适用于密植作物，如麦类作物，亚麻和某些牧草等。宽行条播一般行距为 45 ~ 75cm，适用于植株高大，要求较大营养面积、生长期间需要中耕除草的作物，如玉米、棉花等。宽幅条播又称带播、宽带播种、撒条播，一般播幅为 12 ~ 15cm，幅距为 15 ~ 20cm，种子分布在播幅内，有利于增加密度，适于麦类作物、粟等株型较小的一年生禾本科作物。宽窄行条播又称"大小行"，宽行与窄行相间，窄行可以增加种植密度，宽行利于通风透光。

3. 点播

按一定的行株距开穴播种，又称穴播。通常顺行开穴，亦可无规则开穴。此方式具有节省种子，田间管理方便的优点。一般适用于株型较大、生长期长以及需要丛植的作物，如玉米、油菜、高粱、甜菜等。丘陵山区应用较为普遍。

4. 精量播种

精量播种又称精密播种，是指按栽培要求的精确种籽粒数、株行距及播种深度播种，是在点播的基础上发展起来的一种经济用种的播种方法。精量播种需要精细整地、精选种子，并且只有采用性能良好的播种机，才能保证播种质量和全苗。

二、育苗移栽

农作物生产有育苗移栽和直播两种方式。育苗移栽是指先集中培育幼苗，然后把幼苗或营养器官的一部分移栽于大田的栽培方式。直播是指不经过育苗阶段，直接将种子播于大田的栽培方式。水稻、甘薯、烟草等作物以育苗移栽为主，油菜、棉花、玉米等作物，在复种指数较高的地区，为解决前后作季节矛盾，培育壮苗保证全苗，也采用育苗移栽。

与直播相比，育苗移栽的优势：①缓和季节矛盾，充分利用土地、光、温等自然资源，延长作物生育期，增加复种指数，促进各种作物平衡增产；②苗床面积小，便于集中精细管理，培育壮苗；③减少种子、农药、化肥等投入，节约了成本；④育苗可按预期的规格移栽，利于保证大田的适宜密度。育苗移栽的缺点：移栽时根系受损，尤其是直根系；费工多。

（一）常用的育苗方式

根据育苗手段的不同，作物育苗的方式也多种多样。根据育苗设施及育苗能源的利用，常用育苗方式有以下几种：

1. 露地育苗

露地育苗是指利用自然温度，在露地设置苗床培育秧苗的育苗形式。其特点是，在自然环境条件适合于种子萌发和幼苗生长的季节进行播种和幼苗的管理，方法简便，苗龄一般较短，育苗成本低，适于大面积的作物育苗。但这种育苗方式不能人为地控制或改变育苗过程中所处的环境条件，易遭受自然灾害。

2. 湿润育秧

湿润育秧是水稻常用的育秧种方式。选择背风向阳、肥力中等、排灌方便、水源清洁、杂草少、靠近大田的田块做苗床。在精细整地、清除杂草的基础上，做成畦面平整、畦面宽 130 ~ 150cm、畦沟宽 20 ~ 30cm 及沟深 10 ~ 15cm 的高畦。播种后塌谷入泥。根据天气情况，3 叶期前沟内灌水，畦面保持湿润，以利发芽出苗，3 叶期后保持浅水层，以利秧苗生长。

3. 旱育苗

旱育苗是所有旱地作物均采用的育苗方式。水稻也可采用旱育秧的方式。选择背风向阳，土质疏松、肥沃，排灌方便的田块做苗床，精细整地达到细、净、平。苗床做成高畦，一般畦面宽 1.3 ~ 1.6m。种子或撒播、条播、点播，播后盖薄土。出苗前，灌水保持苗床湿润，出苗后，视天气状况及苗情适当浇水。

4. 营养块育苗

营养块育苗又称方格育苗选择地势平坦，排灌方便，土质肥沃、疏松的沙壤土田块做苗床。将选好的苗床地深耕细耙，施足底肥，开沟起垄。播种前，苗床浇水至现泥浆时，将床面整平，苗床晾至紧皮时，将畦划成 6 ~ 7cm 见方、深 4 ~ 6cm 的土块。趁土湿润时，在每个方块中部打孔播入精选过的种子 2 ~ 3 粒，盖细土 3 ~ 5cm 厚。出苗后加强管理，移栽时每方块连苗带土取出移栽，适用于棉花、玉米等大株作物。

5. 容器育苗

容器育苗是用特定容器培育作物幼苗的育苗方式。将营养土用制钵器（机）压制成直径为 6 ~ 7cm、高 8 ~ 9cm 的营养钵，或直接将营养土装入特定的容器内，将钵排列整齐，钵间空隙填细沙土，四周用土围好，每钵播种 1 ~ 2 粒，盖细土 1cm 左右，浇水湿润，以利出苗。

营养土的制作，一般按肥沃的表土 70% ~ 80%，加入腐熟的有机肥或泥炭 20% ~ 30% 及适量的磷、钾肥，营养土的含水量控制在 25% ~ 30%，以利制钵。理想的营养土应具有的特性：理想的水分容量；良好的排水能力和空气容量；良好的孔隙度和均匀的空隙分布；恰当的 pH 酸碱度（5.5 ~ 6.5）；含有适当的养分，能够保证子叶展开前的养分需求；极低的盐分水平；无病虫害和杂草。

育苗容器有两种类型。一类具外壁，内盛培养土，如各种育苗钵、育苗盘、育苗箱等，以育苗钵应用更普遍。按制钵材料不同，又可分为土钵、陶钵和草钵以及近年来应用较多的泥炭钵、纸钵、塑料钵和塑料袋等。此外，合成树脂以及石棉等也可用作容器材料。容器大小的选择根据作物的种类和所需苗龄的长短而定。另一类无外壁，用制钵器（机）直接将营养土压制成钵状，供育苗移栽用。

生产上广泛使用的塑料软盘育苗、塑料杯育苗等均属于容器育苗。容器育苗时，因苗随根际土团（有时和容器一起）栽种，起苗和栽种过程中可使根系少受损伤，成活率高、发棵快、生长旺盛，对于不耐移栽的作物或树木尤为适用。容器育苗也为实行机械化、自动化操作的工厂化育苗提供了便利。

6. 保温育苗

保温育苗是在人为设置的保温设施中建苗床育苗的方式。目的是在气候条件不适宜作物生长的时期，创造适宜的环境来培育适龄的壮苗，实现提早播种，减轻前后茬作物争地的矛盾。过去是用玻璃覆盖的方式建保温设施。随着塑料薄膜的推广应用，现已大部分改为塑料薄膜覆盖的保温设施育苗。根据盖膜方式，保温育苗分为以下 4 种：

①搭架覆盖：棚架内温度均匀，幼苗生长整齐，覆盖时间长。这是普遍采用的一种保温措施。

②平铺覆盖：将地膜直接覆盖在苗床表面，操作简单方便，但膜内昼夜温差大，地膜容易粘贴种芽，晴天高温时易灼伤幼芽，大雨时易积水压膜，覆盖时间短。

③双膜覆盖：在播种盖土后，平铺覆盖一层地膜，再搭架覆盖。双膜覆盖的保温、保

湿效果强于搭架覆盖和平铺覆盖。一般在北方使用。

④通风网膜覆盖：通风网膜是将常规塑料薄膜从中线剪开，在中间缝上 10 ~ 15cm 宽的尼龙窗纱制成。播种后，上方通气网带以薄膜重叠将其完全封闭。出苗后，视温度情况控制网带开放宽度以调节温度和湿度。

7. 温床育苗

温床育苗也称增温育苗，是在人为设置的增温设施中建苗床育苗的方式。根据加热方式又分为酿热、火热、水热和电热等多种。常用的有酿热温床育苗和电热温床育苗。

酿热温床育苗是利用切碎的作物秸秆、厩肥、绿肥、青草等分解发酵产生的热能提高床温，促进发芽和幼苗生长，常用于早春的甘薯育苗。依其发热部位的位置不同，可分为地上式和地下式两种。地上式温床的发热部分在地面以上，适用于气温较高、地下水位较高的地区；地下式温床发热部位在地表以下，保温性能良好，适用于寒冷地区。

电热温床育苗是在温室或塑料大棚内，利用电能，使用和控制绝缘电阻发热来调节苗床温度，促进发芽和幼苗生长。电热温床具有发热快、温度可控性好、床温变化平稳、不受阴雨寒潮等恶劣天气的影响、体积小易拆装等优点。

（二）苗期管理

1. 出苗期的管理

出苗期是指播种至子叶展开的一段时间。这一阶段对环境的要求是充足的水分、适宜的温度和良好的通气条件。温度管理：冬、春季育苗的管理重点是保温，一般喜温作物苗床温度控制在 25 ~ 30℃，喜凉作物以 20 ~ 25℃为宜。夏、秋季育苗的温度管理主要是降温。水分管理：一是防止苗床失水干裂，注意及时补充水分；二是防积水和防雨。

2. 幼苗期的管理

幼苗期是指第一片真叶初现至种子营养消耗完的一段时间。此阶段幼苗的生长由依靠种子贮藏的养分转向依靠光合作用自养。这一阶段对环境的要求是充足的水分、适宜的温度、良好的通气条件和充足的光照。管理的重点是温度和水分。在幼苗生长的早期（第一片真叶展开前），适当降低苗床温度，以避免下胚轴因高温而过分伸长，形成高脚苗。同时，也要避免因温度过低、光照不足、湿度过大而引起的苗期病害。苗床的温度控制，一般喜温作物白天为 20 ~ 25℃、夜间为 13 ~ 16℃，喜凉作物白天为 18 ~ 22℃，夜间 8 ~ 12℃。保证较强的光照强度和光照时间。如果苗床畦面干裂，需适当灌水或喷水以保持床土湿润。如果育苗期短，一般不追肥；如果育苗期较长，可视苗情追肥。苗期的第一次追肥一般在 2 叶期，即种子的养分消耗完之前，以速效氮肥为主。也可进行根外追肥。

3. 成苗期的管理

成苗期是指种子营养消耗完至移栽的一段时间。这一阶段的管理的主要工作：间苗、除草、追肥和防治病虫害。如果出苗量大，应于幼苗 2 ~ 4 叶期间苗、分苗或直接移栽至大田。间苗的基本要求是去弱留强、保持不挤苗、不搭叶为主。除草可与间苗一同进行，如果条件许可，也可化学除草，但一定要注意防止药害。不同的作物苗期易发的病虫害种类不同，如水稻主要有立枯病、稻瘟病、蓟马等，棉花主要有枯萎病、炭疽病、地老虎等。为防止病虫扩展蔓延至大田，应根据不同作物的病虫发生情况，及时准确地进行药剂防治。成苗期的追肥以速效氮肥为主，配以速效磷钾肥，以促进苗木组织充实。

三、适时移栽

移栽的适宜时期应根据作物种类、适宜苗龄和茬口而定。一般作物的秧苗，以具有 3 ~ 6 片真叶时为适宜的移栽时期，如水稻、玉米、棉花等。有些作物根系再生能力弱，而且叶面积增加快，应在叶龄较小时移栽，如瓜类、豆类蔬菜，最好用营养杯、营养土块育苗，以免移栽时过分损伤根。

第二节　施　肥

一、合理施肥的理论依据

（一）施肥的基本原理

1. 养分归还学说

养分归还学说的中心内容是：矿质元素（无机盐类）是作物汲取的主要营养物质，而土壤则是这些营养物质的供给源。随着作物不断从土壤中摄取，土壤中养分必然愈来愈少，作物产量也将随之逐步下降。为了恢复土壤肥力，增加作物产量，就必须增施矿质肥料，归还和补充从土壤中带走的养分。

2. 最小养分律

最小养分律是植物为了生长发育，需要吸收多种养分，但决定作物产量的是土壤中相对作物需要而言含量最少的养分，它是作物增产在养分上的限制因素。如果不加以补充，即使增施其他养分，也难以提高产量，而且降低了施肥的经济效益。如缺磷的土壤，即使增施氮肥，也难以获得增产效果。

3. 边际报酬递减规律

边际报酬是指基于既定技术水平，在其他要素投入不变的情况下，增加一单位某要素投入所带来的产量的增量。当增加变动要素的投入量而保持其他投入不变的情况下，当这种可变生产要素的投入量小于某一特定值时，增加该要素投入所带来的边际产量是递增的；当这种可变要素的投入量连续增加并超过这个特定值时，增加该要素投入所带来的边际产量是递减的。这就是边际报酬递减规律。

4. 因子综合作用律

作物生产受多种因素的影响，如水分、养分、光照、温度、空气、品种和耕作条件等。作物产量的高低是这些因子综合作用的结果。因子综合作用律就是充分利用这些因子之间的交互效应，确定适宜的肥料用量，提高施肥的效果。为了充分发挥肥料的增产作用和提高肥料的经济效益，一方面施肥必须与其他农业技术措施密切配合，另一方面要注意各种肥料养分之间配合，发挥养分之间的协同作用（两种养分配合施用时的增产效果大于每种养分单独施用时的增产效果之和），避免养分之间的拮抗作用（两种养分配合施用时的增产效果小于每种养分单独施用时的增产效果之和）。

（二）合理施肥的原则

施肥的目的：一是供应作物营养，提高作物产量和品质；二是培肥地力。判断施肥是否合理的重要依据是肥料利用效率、经济效益和产量效益。如果要做到合理施肥，就必须坚持如下基本原则：

1. 根据作物的需肥特性与需肥规律施肥

不同作物的需肥特性有差异。禾谷类作物、叶菜类蔬菜对氮肥需要量较多；豆科类作物对磷肥需要量较多；糖料作物、块根茎、烟草等作物需钾肥较多；水稻、麦类、玉米等作物在生长发育过程中需吸收大量的硅元素。

作物在不同生长发育阶段对养分的需求在种类、数量和比例上也有差异。总的趋势是，生长发育的早期，养分的吸收量较少、强度小；生长发育旺盛期，养分的吸收数量和强度明显增加；成熟期，养分的吸收逐渐减缓。

作物吸收不同养分（如氮、磷、钾等）的数量及养分吸收高峰，也因作物种类而异。例如，禾谷类作物养分吸收的高峰大致在拔节期，棉花对氮素的吸收高峰出现在现蕾开花期。

作物在营养临界期对某种养分的吸收在绝对数量上也许不是很多，但需要很迫切，此时如果缺少这种养分，生长发育就会受到明显影响，即使后来补施这种养分也难以弥补。同一种作物不同养分的临界期不完全相同。大多数作物磷的临界期在幼苗期，如玉米在 3 叶期，棉花在出苗后 10 ~ 20d。氮的临界期晚于磷，如水稻、小麦的氮临界期出现在分蘖期和幼穗分化期，玉米在穗分化期，棉花在现蕾期。

在作物生长发育过程中的某个时期，对于养分的吸收，无论在数量上还是在速度上都是最高的，此时施肥的作用最明显，这一时期就是作物营养最大效率期。作物营养最大效率期往往出现在作物生长最旺盛的时期，这时作物生长量大，养分需求量多。作物营养临界期和作物营养最大效率期是作物生长发育过程中施肥的关键时期，对提高作物产量和肥料利用率具有重要意义。

2. 根据土壤性质和养分状况施肥

土壤是作物养分的基本来源，土壤的养分状况特别是土壤有效养分的含量直接影响施

43

肥的效果。根据最小养分律，施用对作物而言最稀缺的营养元素增产效果最显著。因此，肥料要优先用于养分贫瘠的土壤，可以收到投入少、产出高的效果。

施肥效果受土壤供肥性能的影响，而土壤的供肥性能与土壤的质地和结构密切相关。沙质重的土壤保肥性能差，宜少量多次施用速效化肥，以减少养分的流失，多施有机肥、土杂肥可以提高保肥保水性能。土质黏重的土壤保肥能力强，供肥性较差，作物生长早期往往需补充适量的速效肥料，后期则视作物长势决定施肥，以免贪青、倒伏。

3. 根据肥料特性施肥

肥料的种类繁多，性质各异，合理施肥的方法和时期也不一样。

首先，应根据施肥时期选择合适的肥料种类。有机肥的特点是养分全、肥效稳而长，肥效慢，养分含量低，不能针对作物不同生长发育时期迅速供给足够的养分。新鲜有机肥中的养分主要处于有机化合物形态，必须经过微生物的分解、养分逐步释放，才能被作物根系吸收。因此，有机肥通常做基肥，而且往往与化肥配合施用。化肥的养分含量高，一般只含一种或少数几种主要养分。氮素化肥是一种速效肥，一般用作追肥，也可用作基肥。磷素化肥施入土壤后，其有效成分易被土壤固定，移动性也较差，一般与有机肥混合沤制后用作基肥或采用根外追肥的方法施用。钾素化肥中的有效成分钾离子能被土壤胶体所吸附，可用作基肥也可用作追肥施用。

其次，要根据土壤性质选择合适肥料种类。如南方酸性土壤宜施用碱性肥料、生理碱性肥料和难溶性磷肥，而北方石灰性土壤宜施用酸性肥料或生理酸性肥料。水田不宜用硝态氮肥，因为易产生反硝化作用而损失。水田也不宜用含硫氮肥（如硫酸铵），以免还原成硫化氢产生毒害作用。盐碱地一般都缺磷，宜施用过磷酸钙，其中的游离磷酸和石膏可防治土壤碱化，钙离子可与有毒盐类离子产生颉颃作用，减轻其毒害。

最后，要根据作物营养特性选择合适的肥料种类。如禾本科作物（麦类等）、生长期短的作物以及作物幼苗期，由于吸磷能力弱，宜用水溶性磷肥。十字花科作物（如油菜、萝卜）、蓼科（荞麦）以及豆科作物（大豆、花生、绿肥等）吸磷能力较强，可用枸溶性磷肥。对忌氯作物（烟草、甜菜、甘蔗、马铃薯、葡萄、柑橘）不宜用氯化铵、氯化钾等含氯化肥。烟草、大麻宜用硝态氮肥等。

4. 根据气象条件施肥

注意天气变化，可减少因不利天气而造成肥料的损失。土壤养分的转化受土壤温度和水分的影响明显。干旱条件下，因养分的溶解、转化、迁移和吸收受到影响，施肥效果差。水分过多，降低了土壤养分的浓度，加速养分流失，施肥效果也差。气温高，雨量适中，有利于有机肥加速分解，低温少雨季节宜施用腐熟的有机肥和速效肥料等，旱作物宜在雨前 2 ~ 4d 施肥，而水稻则宜在降雨之后施肥，防止流失。

5. 有机肥料与化学肥料配合施用

有机肥料与化学肥料配合施用的施肥原则是我国肥料技术政策的核心内容，也是建设高产稳产农田的重要措施。这是因为有机肥料和化学肥料是两类不同性质的肥料。有机肥料的许多优点是化肥所没有的，而化肥的优点正是有机肥料的缺点。只有两者配合施用，才能取长补短，充分发挥肥效。

二、施肥时期和施肥方法

（一）施肥的基本方法

1. 全层施肥

在土壤翻耕前，将肥料均匀撒布，然后耕翻入土，使土肥相融的施肥方法。全层施肥可加速土壤的熟化过程，作物在整个生长期内能不断获得养分，并能促使作物根系向下延伸。

2. 分层施肥

结合整地，把迟效性肥料施于土壤耕层的中、下部，速效性肥料施在土壤耕层的上部的施肥方法。一般土壤肥力不高，特别是土壤上层速效养分不足时，采用分层施肥法效果较好。对生长期长、深根性作物的效果更明显。

3. 表层施肥

将肥料均匀地撒施于土表，通过灌溉或培土将肥料带入根层的施肥方法。优点是施肥面广、分布均匀。一般适用于作物群体密度大、根系遍布整个耕层的情况。肥料撒施即是表层施肥。

4. 集中施肥

将肥料集中施于作物根系附近或种子附近的施肥方法。集中施肥可提高作物根际内营养成分的浓度，创造一个较好的营养环境。集中施肥由于肥料施于作物根系附近，容易被作物吸收利用，肥料的利用率较高。集中施肥的方法包括沟施、穴施、条施、注射器施肥、果树的环施和种肥等。条施、沟施或穴施是指在播种或定植前结合整地作畦、开沟或开穴，将肥料施入其中后覆土。要注意有机肥应充分腐熟，化肥的浓度不宜过高，以免造成肥害。环施一般在果树追肥时使用，即在树冠外围开一环形沟，肥料施入环形沟内后覆土。

5. 根外追肥

根外追肥又称叶面追肥，是将速效化肥或一些微量元素肥料配制成一定浓度的溶液，喷洒于作物的叶片上的施肥方法。这种追肥方法用肥少、效果好，能及时满足作物对养分的要求，对某些肥料（如磷肥和微量元素肥料）还可避免被土壤固定。但根外施肥只是一种辅助施肥方法，不能代替一般的追肥，更不能舍弃土壤施肥。

（二）施肥时期

1. 基肥

基肥是指在作物播种或定植之前施入土壤中的肥料。基肥的作用：一是培肥地力；二是提供作物整个生长期间所需的养分，尤其对满足作物中后期对磷、钾养分的大量需要有重要意义。基肥一般以有机肥和缓效肥为主，如厩肥、堆肥、草塘肥、绿肥、过磷酸钙等，还有一部分化肥，特别是磷钾肥。速效氮肥不宜过多用作基肥，以免造成养分流失、作物生长早期过旺。基肥施用量一般占总施肥量的 50% ~ 70%。基肥的施用方式可分为全层施肥、条施或穴施、分层施肥 3 种。

2. 种肥

种肥是指播种或定植时施在种子或种苗附近的肥料，目的是为幼苗生长创造良好的营养条件。种肥可以补充基肥的不足，为作物初期生长供应养分。种肥一般采用速效性肥料或腐熟的有机肥，用量不宜过多，且需防止肥料对种子或幼苗可能产生的腐蚀、灼伤和毒害作用。凡浓度过大或为强酸性、强碱性及产生高温的肥料，如氨水、碳酸氢铵和未腐熟的有机肥，均不宜做种肥。

种肥的施用方法一般有拌种法、盖种法、蘸秧根法和浸种法等。拌种法是将少量的肥料和种子拌和均匀然后播种。拌种时，肥料与种子应该都是干的，随拌随播。盖种法是在播种后用少量的肥料覆盖种子，肥料多用腐熟的有机肥。蘸秧根法是在作物移栽时，将肥料沾在秧、苗的根上移栽。浸种法是将肥料配成稀释的溶液，将种子在其中浸泡一段时间后播种。这种方法必须掌握好肥料溶液的浓度和种子浸泡时间，以免对种子造成不良影响。

3. 追肥

追肥是指作物生长发育期间所施的肥料。目的是弥补土地养分供应的不足，及时补充作物生长发育过程对养分的需求。追肥一般在作物营养临界期或营养效率最大期施用。一般情况下，追肥以速效性肥料为主（特别是氮肥），作物生长周期长而又基肥不足的，可追施缓效肥料或优质有机肥。追肥的方法有撒施、条施、穴施、环施和根外追肥等。

第三节　灌　溉

灌溉是指人工补充土壤水分以弥补作物正常生长需水量与该期降水量的差值，以改善作物生长条件的技术措施。

一、作物需水量及其影响因素

（一）作物需水量

作物需水量是指作物在最适宜的土壤水分和肥力水平下，整个生长发育过程中，植株蒸腾、株间蒸发以及构成植株体的水量之和。由于构成植株体的水量很少（小于三者之和的1%），一般在实际计算中，作物需水量等于植株蒸腾量、蒸发量之和，通常用毫米（mm）或立方米·每公顷（$m^3 \cdot hm^{-2}$）表示。作物在实际的土壤水分与肥力水平下，整个生长发育过程中，植株蒸腾、株间蒸发以及构成植株体的水量之和称为作物耗水量。因此，作物需水量与作物耗水量是两个不同的概念。前者是一个理论值，又称为潜在蒸散量（或潜在腾发量），而耗水量是一个实际值，又称为实际蒸散量。

除蒸腾和蒸发外，农田水分消耗还有一条重要途径，即水分深层渗漏和田间渗漏。深层渗漏是指旱田因降雨量或灌溉水量太多，使土壤水分超过了田间持水量，向根系活动层以下的土层产生渗漏的现象。深层渗漏对旱作物来说是无益的，且会造成水分和养分的流失，合理的灌溉应尽可能地避免深层渗漏。田间渗漏是指水稻田的渗漏。由于水稻田经常保持一定的水层，深层渗漏是不可避免的，适当的渗漏可以促进土壤通气，改善还原条件，消除有毒物质，有利于作物生长。但渗漏量过大，会造成水量和肥料的流失，与开展节水灌溉有一定矛盾。

渗漏量的大小主要与土壤性质、水文地质条件等因素有关，它和蒸散量的性质完全不同，一般将蒸散量与渗漏量分别进行计算。旱地作物在正常灌溉情况下，不允许发生深层渗漏，旱作物耗水量即为实际蒸散量。对稻田来说，适宜的渗漏是有益的，通常把水稻蒸散量与稻田渗漏量之和称为水稻的田间耗水量。

47

（二）影响作物需水量的因素

1. 气象条件

气象条件是影响作物需水量的主要因素，高温、强光、日照时间长、空气湿度低、风速大、气压低等使作物需水量增加。

2. 土壤条件

影响作物需水量的土壤因素有土壤质地、颜色、含水量、有机质含量和养分状况等。砂土持水力弱，蒸发较快，在砂土上的作物需水量较大。黑褐色土壤吸热较多，蒸发较量大，颜色较浅的黄壤反射较强，蒸发量较小。当土壤水分多时，蒸发强烈，作物需水量则大；相反，土壤含水量较低时，作物需水量较少。

3. 作物种类和生长发育特性

一般旱生作物的需水量少于中生作物，中生作物的需水量少于湿生作物。C_3作物的需水量显著高于C_4作物，例如，C_4作物玉米生成1g干物质约需水349g，而C_3作物小麦生成1g干物质需水557g，水稻生成1g干物质需水为682g。同一作物不同品种的需水量也存在明显差异，因而有抗旱品种与不抗旱品种之分。

4. 作物栽培措施

作物栽培措施如种植密度、施肥水平、土壤耕作方式、地面覆盖、灌溉方式等均对作物需水量产生影响。

二、作物的需水特性

（一）作物需水规律

作物需水规律是作物需水量大小和变化的一般规律。对于作物生长发育阶段而言，作物在整个生长发育期的需水规律表现为生育前期和后期需水量小，中期因生长旺盛，需水量较多。每种作物都有需水高峰期，一般处于作物生长旺盛阶段。如冬小麦有两个需水高峰期，第一个高峰期在分蘖期，第二个在开花至乳熟期；大豆的需水高峰期在开花结荚期；粟的需水高峰期为开花至乳熟期；玉米为抽雄至乳熟期。不同作物、同一种作物在不同地区、不同年份、不同栽培条件下的需水量也有差异。基本规律：干旱、半干旱地区作物的需水量比湿润地区多，干旱年份作物的需水量比湿润年份多，生育期长的作物比生育期短的作物需水量多，粗放耕作条件下作物的需水量比精耕细作条件下多。

（二）作物需水临界期

作物在任何时期缺水，都会对其生长发育产生影响，但作物在不同生育时期对缺水的敏感程度不同。通常把作物整个生育期中对缺水最敏感、缺水对产量影响最大的生育时期称为作物需水临界期或需水关键期。不同作物需水临界期不完全相同，但大多数出现在生殖生长期。

三、灌溉技术

我国采用的灌溉方法，按向田间输水的方式和湿润土壤的方式，可分为地面灌溉、地下灌溉、喷灌和微灌四类。

（一）地面灌溉

地面灌溉是指灌溉水流沿田面坡度流动或在存储过程中，借重力和毛细管作用渗入和浸润土壤的一种灌溉方法。地面灌溉历史悠久，具有操作简单、运行费用低、维护保养方便等特点，是世界上最主要的灌溉方式。目前，全世界地面灌溉面积占灌溉总面积的 90% 左右，中国占 95% 以上。在今后相当长的时期内，地面灌溉仍将是我国农业灌溉的主要方式，按田间工程和湿润土壤的方式的不同，地面灌溉可分为以下几种形式：

1. 漫灌

漫灌是指在没有或只有简陋的田间灌水工程的情况下，水引入田面及顺坡漫流，渗入土壤。此法灌水质量差，有浪费水资源、抬高地下水位使土壤盐碱化、消耗地力、破坏土壤结构等缺点。这种灌溉方式极不可取，应逐步废止。

2. 淹灌

淹灌又称格田灌，将水引入格田，在田面建立一定深度的水层，用于水稻灌溉或洗盐灌溉。为使田面水层均匀，对格田要精细平整，一块格田内高低差应控制在 3 ~ 5cm。

3. 畦灌

畦灌是将田块作畦，水流从畦首引入，在重力作用下沿田面坡度以薄水层流动，逐渐湿润土壤。畦灌适用于小麦、粟、蔬菜等窄行密植作物。高质量的畦灌要求：灌水均匀；深层渗漏损失小；不冲刷土壤，不溢埂跑水。

4. 沟灌

沟灌是指在作物行间开沟，水流在沟中顺坡流动，借助毛细管作用和重力作用向沟的两侧和沟底浸润土壤。沟灌可保持垄背土壤疏松，减少灌水定额，适用于棉花、甘蔗等宽行作物。与畦灌相比，沟灌的明显优点是，不会破坏作物根部附近的土壤结构，不会导致田面板结，能减少土壤蒸发损失。

5. 涌流灌

涌流灌又称波流灌，是在畦灌和沟灌的基础上，利用转动阀门向灌水垄沟轮流、间歇供水以湿润土壤的地面灌溉方法。与连续供水的灌溉方式相比，涌流灌可以大幅度减小灌水沟首部与尾部的入、渗水量差别，提高灌水均匀度，节约用水量。

6. 水平池灌

这种灌溉方法的做法：采用激光控制设备，提高平地质量，建成几十亩甚至上百亩一块的水平格田，称为水平池。使用较大流量灌入，并在进水口设置防冲设备。此法能提高灌水质量和效率。

7. 膜上灌

膜上灌是指在作物行间铺盖的塑料薄膜上行水，水流从薄膜上的小孔下渗以浸润作物根部土壤的一种节水灌溉方法。在地膜栽培条件下的棉花、玉米、花生、豆类、瓜类，以及粮棉套种（小麦／棉花）、粮油套种（小麦／花生）等，均可采用膜上灌。

（二）地下灌溉

地下灌溉是指将灌溉水引入田面以下一定深度，通过土壤毛细管作用湿润根区土壤，以供作物生长需要的灌溉方式，分为暗管灌溉和潜水灌溉。前者的灌溉水借设在地下管道的接缝或管壁孔隙流出渗入土壤；后者通过抬高地下水位，使地下水由毛细管作用上升到作物根系层。地下灌溉适用于上层土壤具有良好毛细管特性，而下层土壤透水性弱的土壤，但不适用于土壤盐碱化的土壤。

地下灌溉不破坏土壤结构，不占用耕地，便于管理，但表土湿润不足，不利于苗期生长。暗管渗灌能减少地面蒸发水量，保持土壤疏松状态，改善土壤通气和养分状况，从而提高作物产量，相比用明渠在田面灌水，还有节省占地、便于田间作业等优点。但因需要埋设很密的管道，工程造价高，检修较困难，在我国仅限于小面积使用阶段。

（三）喷灌

喷灌是通过专门的设备将水加压，或利用水的自然落差，将有压水送到灌溉地段，并

喷射到空中形成细小水滴，并洒到田间的一种灌溉方法。喷灌系统按获得压力的方式，可分为机械加压的机压喷灌系统和利用地形自然落差的自压式喷灌系统。

喷灌系统由水源、水泵机组、管道系统（干管、支管、竖管）及喷头组成。按系统的可移动性，一般将喷灌系统分为：①固定式喷灌系统。系统全部设备均固定在一个地块使用，用材多、投资大，但使用操作方便，生产效率高，经济作物区使用较多。②半固定式喷灌系统。干管固定，支管、喷头移动使用，移动方式有手动和机动，用材及投资均低于固定式，使用比较普遍。③移动式喷灌系统。系统全部设备可移动使用，设备利用率高、造价低。

喷灌的优点很多，包括省水、省工、提高土地利用率（田间不需要灌溉设施）、增产、调节田间小气候、适应性强（对田面的平整度无严格要求）等。但也有其局限性，主要表现在喷灌系统投资较高、受风和空气湿度影响大、能耗较高等。

喷灌技术最初广泛应用于农业种植中，如蔬菜、大田作物、苗圃等。后来也广泛应用于园林绿化中，如草坪绿地、足球场、高尔夫球场、庭院、公园等。

（四）微灌

微灌是根据作物需水要求，通过低压管道系统与安装在末级管道上的灌水器，将水和作物生长所需的养分以较小的流量，均匀、准确地直接输送到作物根部附近土壤的一种灌水方法。与传统的地面灌溉和喷灌相比，微灌只以较小的流量湿润作物根区附近的部分土壤，因此又称为局部灌溉。

微灌的主要优点：①微灌可以非常方便地将水施灌到每一株作物附近的土壤，经常维持较低的水应力满足作物生长需要。②省水、省工、节能。微灌是按作物需水要求适时适量地灌水，仅湿润根区附近的土壤，因而显著减少了水的损失。③灌水均匀。微灌系统能够有效地控制每个灌水器的水流量，灌水均匀度高。④对土壤和地形的适应性强。微灌的灌水强度可根据土壤的入渗特性选用相应的灌水器来调节，不产生地表径流和深层渗漏。微灌是采用压力管道将水输送到每棵作物的根部附近，可以在复杂的地形条件下有效工作。

微灌的主要缺点：微灌系统投资一般要高于地面灌溉；微灌灌水器出口很小，易被水中的矿物质或有机物堵塞，减少系统水量分布均匀度，严重时会使整个系统无法正常工作，甚至报废；微灌毛细管一般铺设在地面，使用中会影响田间管理，有时会被拉断、割破，发生漏水，增加了后期维护费用。

按灌水器及水出流形式的不同，主要包括滴灌、涌泉灌、微喷灌、渗灌、微润灌等形式。

1. 滴灌

通过干管、支管和毛细管（末级管道）上的滴头，在低压下向土壤经常缓慢滴水，是直接向土壤供应已过滤的水分、肥料或其他化学剂等的一种灌溉技术。滴灌过程中，水在重力和毛细管的作用下进入土壤。滴入作物根部附近的水，使作物主要根区的土壤经常保持最优含水状况。由于滴水流量小，缓慢入渗，主要借助毛细管张力作用扩散，滴灌是最为节水和有效的灌溉方式之一。

滴灌可分为地表滴灌和地下滴灌两种。前者是将毛细管和灌水器放在地面，将压力水以间断或连续的水流形式灌到作物根区附近土壤表面的灌水形式；后者是把毛细管和灌水器埋入地面，将水直接施到地表下的作物根区的灌水形式，滴灌灌水器的流量通常为 1 ~ 10 L/h。

2. 涌泉灌

利用直径 4mm 的小塑料管作为灌水器，以细流状出水，局部湿润作物附近土壤。这种灌溉技术抗堵塞性能比滴灌、微喷灌高。通常用它灌溉果树。国内又称这种微灌技术为小管出流灌溉。涌泉灌以细流局部湿润作物附近土壤，灌水器流量为 30 ~ 60L/h。

3. 微喷灌

通过低压管道将水送到作物植株附近并用专门的微型喷头向作物根部土壤或作物枝叶喷洒细小水滴的一种灌水方法。微喷灌的工作压力低，流量小，既可以定时定量地增加土壤水分，又能提高空气湿度调节局部小气候。微喷灌被广泛应用于蔬菜、花卉、果园、药材种植场所，以及扦插育苗、饲养场所等区域的加湿降温。

4. 渗灌

地下灌溉中的暗管渗灌。

5. 微润灌

指用微量的水以缓慢渗透方式向土壤给水，使土壤保持湿润的地下灌溉方式。微润灌是一种精准的可调控性很强的新型灌溉方式，创造了一种极端节水的灌溉方法，其用水量为滴灌用水量的 20% ~ 30%。运行过程无动力消耗，结构非常简单，唯一的控制器是自动水位控制器或减压阀。

实现微润灌的核心技术是微润管。以微润管为给水器所构成的灌溉系统称微润灌溉系统。微润管是系统的主体和功能部分，它既是给水器又是输水管。微润管是一根具有双层结构的软管，内层是高分子半透膜，外层是保护性透水材料。半透膜上有大量肉眼不可见的微孔，孔的数量约为 10 万个 /cm^2，膜壁上孔的大小允许水分子通过，而不允许较大的分子团和固体颗粒通过。当管内充满水时，水分子通过这些微孔向管壁外迁移，如果管子埋在土壤中，水分就会进一步向土壤迁移，使土壤湿润，起到灌溉作用。微润灌的缺点是微润管容易堵塞，对水质要求高。

第四节　作物植株调整与化学调控

一、作物植株的人工调控技术

营养生长是作物生殖生长的基础。充分的营养生长是高额经济产量的必要条件，但过度的营养生长会消耗大量的光合产物，导致产品器官的积累减少，经济产量下降。生产上，作物植株调整除了化学调控以外，还有许多人工调控技术，具有良好的调控效果。

（一）晒田

晒田是水稻生产上重要的促控结合措施，一般在水稻对水分不太敏感的分蘖后期至幼穗分化前进行。晒田的主要作用：更新土壤环境，促进根系发育，抑制无效分蘖和地上部徒长，使基部节间短粗充实。一般来说，长势旺盛、蘖数多的应早晒重晒，相反可轻晒或不晒，盐碱地一般不宜晒田。水肥管理上多采取平稳促进，避免大促大控，晒田也以早晒、轻晒、多次晒居多。

（二）压苗

压苗主要应用于麦类作物和粟。当作物苗期出现旺长时，用木磙或其他工具镇压土壤，使作物地上部受损，控制其旺长，从而促进根系生长。对早播、冬前苗期有徒长现象的麦田，采取连续镇压，可抑制主茎和大蘖徒长、缩小大小蘖差距。对生长过旺的麦苗，镇压还有利于越冬防冻。在小麦拔节初期，一般在基部节间开始伸长、未露出或刚露出地表时对壮、旺苗镇压，可使基部节间缩短、株高降低，并可促进分蘖两极分化，成穗整齐，壮秆防倒。但节间伸长后不宜镇压，以免损伤幼穗生长点。粟田常在 2 ~ 3 叶期压苗，起蹲苗作用。

（三）深中耕

在许多旱地作物生长前期，利用一定的器械在作物植株周围深耘土壤，切断部分根系，减少根系对水分和养分的吸收，从而减缓茎叶生长，达到控制旺长的目的。

（四）摘（割）叶

在过早封行、群体郁闭的严重旺长的作物群体，采用摘叶或割叶的方法去掉一部分叶片，可控制徒长；在作物生长中、后期，除去植株基部的部分老叶，可以改善群体通风透光条件，减少病虫害的蔓延。

（五）打顶、整枝

为了控制某些作物营养器官的过度生长，经常需要人工去掉顶芽或侧芽，以提高作物的产量和品质。打顶就是摘除顶芽。摘除无用的侧芽称打杈或抹杈。对于无限花序作物，如棉花、一些大豆类型、蚕豆、豌豆等，打顶能消除顶端优势，抑制茎叶生长，使营养物质重新分配，减少无效果枝和叶片，提高铃（荚）数和铃（籽）重。打顶一般适用于正常和旺长的作物群体，长势差的田块不必打顶。打顶时期，棉花、蚕豆宜在初花期，大豆宜在盛花期。棉花除打顶外，长势旺盛的棉田果枝顶端也应摘除。烟草生产上也需进行现蕾打顶，即当花蕾长约 2cm 时，将花梗连同附着的几片小叶摘去。打顶后，结合多次抹杈，可减少营养物质消耗，提高烟叶产量和品质。玉米在抽雄始期，及时隔行去雄，能够增加果穗穗长和穗重，双穗率提高，植株相对变矮，田间通风透光得到改善，因而籽粒饱满，产量提高。

二、化学调控技术

作物化学调控是指应用植物生长调节剂对作物生长发育进行促进或抑制，达到高产、优质、高效目的的技术体系。随着科学的发展和农业生产的需要，作物化学调控逐渐成为农业生产的重要措施之一。作物化学调控技术不仅可以控制休眠、促进插枝生根、防止落花落果及徒长，而且可以改变雌雄性别、促进果实发育与催熟、实现产品保鲜等，具有广阔的发展前景。

（一）植物激素与植物生长调节剂

植物激素是作物体内代谢产生并可移动到其他部位，在极低浓度下就能使作物产生明显的生理生化和形态反应的有机物。植物激素的特点：①内生性。它们由作物细胞正常代谢产生。②能移动。即能由产生的部位转移到作用部位。③极低的浓度，有调节功能。它们并不是营养物质，而是以极低浓度对生理过程起调节作用。

目前已经发现并公认的植物激素有六大类，即生长素、赤霉素、细胞分裂素、油菜素甾醇、脱落酸和乙烯。

除上述激素外，在作物体内还发现了一些不提供营养物质但能调控作物生长发育和功能的物质，它们具备激素的所有特点，被称为生理活性物质。其中主要有多胺和茉莉酸等，均具有很强的生理活性及应用前景。

植物生长调节剂是人工合成的、具有植物激素活性的一类有机化合物。它们通常在极低浓度下可以促进或抑制作物的生长发育，或使生长发育发生质的变化。目前，这类物质在农林生产中已经广泛应用。

（二）植物生长调节剂的种类和作用

根据不同分类依据，可将植物生长调节剂分为多种类型。如根据与植物激素作用的相似性，可分为生长素类、赤霉素类、细胞分裂素类、脱落酸类、乙烯释放剂、乙烯抑制剂、油菜素甾醇类；根据对作物茎尖的作用方式，可分为植物生长促进剂、植物生长抑制剂、植物生长延缓剂；根据实际应用效果，可分为矮化剂、生根剂、催熟剂、脱叶剂、保鲜剂、抑芽剂、疏花疏果剂、抗旱剂、干燥剂等。

这里按照对作物生长有促进作用、抑制作用和延缓作用的分类方法进行介绍。

1. 植物生长促进剂

植物生长促进剂是指能促进作物细胞分裂、分化和伸长的化合物。根据其化学结构或活性的不同，又可分为生长素类、赤霉素类、细胞分裂素类、乙烯类和油菜素甾醇类等。

（1）生长素类

生长素类植物生长调节剂可被作物根、茎、叶、花、果吸收，并传导到作用部位，促进细胞伸长生长；诱导和促进作物细胞分化，尤其是促进作物维管组织的分化；促进侧根和不定根发生；调节开花和性别分化；调节坐果和果实发育；控制顶端优势。

应用于生产中，生长素类植物生长调节剂可促进插条生根，果实膨大，防止落花落果，提高坐果率，最终达到增产目的。

生产中应用较为普遍的生长素类植物生长调节剂主要有吲哚丁酸、萘乙酸、2，4-D、防落素等。吲哚丁酸主要用于番茄、辣椒、黄瓜、茄子、草莓等，促进坐果和单性结实，还可促进多种作物插枝生根及某些移栽作物早生根、多生根。萘乙酸可用于小麦、大豆、萝卜、烟草等作物浸渍处理，促使发芽长根；可用于棉花减少自然落铃；可用于果树起到疏花作用，防止采前落果；可以作为茶、橡胶、水稻、番茄等作物的生根剂。2，4-D 作为植物生长调节剂，主要用在番茄、冬瓜、西葫芦和黄瓜防止落花落果，但由于 2，4-D 在高浓度下可以作为除草剂应用，使用时一定要掌握使用方法和剂量。防落素较 2，4-D 应用安全，不易产生药害，主要用于番茄防止落花落果，也可用于茄子、辣椒、葡萄、柑橘、苹果、水稻、小麦等多种作物增加产量。

（2）赤霉素类

赤霉素（GA）类物质有多种，但只有少数几种具有生物活性。用于作物生产的主要是赤霉酸（GA3），商品名称为"九二〇"，主要通过发酵来生产。

赤霉素类的作用方式之一是提高多种水解酶的活性。一方面，其中的 α - 淀粉酶、核糖核酸酶、脂肪酶等都能通过赤霉素的诱导重新形成；另一方面，赤霉素类能够促进溶酶体等释放出贮藏的酶类，以提高水解酶的活性，使贮藏物质大量分解，输送到新生器官供生长用。因此，应用赤霉素可打破种子、块茎、鳞茎等植物器官的休眠，促进发芽。赤霉素类的另一个生理功能是促进细胞伸长和分裂，可促进作物茎节的伸长和生长。另外，赤霉素类还可促进花芽分化和开花，改变雌、雄花比例。

（3）细胞分裂素类

细胞分裂素类都是腺嘌呤衍生物，人工合成的细胞分裂素类物质主要有 6- 苄氨基嘌呤（6-BA）、玉米素（羟烯腺嘌呤）、激动素（糠氨基嘌呤）和异戊烯基腺嘌呤、氯吡脲（脉动素）等。氯吡脲的结构与其他细胞分裂素差异较大，但其活性比 6- 苄氨基嘌呤强，是目前促进细胞分裂活性最高的人工合成细胞分裂素。

细胞分裂素类植物生长调节剂可被植物发芽的种子、根、茎、叶吸收，促进作物的细胞分裂，促进细胞扩大，促进芽的分化，促进侧芽发育和消除顶端优势，延缓叶片衰老。

生产实践中，细胞分裂素类常用于组织培养，与一定比例的生长素混合，以促进愈伤组织细胞分裂、增大与伸长，诱导组织（形成层）的分化和器官（芽和根）的分化。另外，还用于延缓花卉与果实的衰老，防止离层形成，提高坐果率，还可用于蔬菜保鲜等。

（4）乙烯类

乙烯是结构最简单的植物激素，普遍存在于作物的根、茎、叶、花、果实中，是作物的代谢产物。

乙烯类植物生长调节剂可分为乙烯释放剂和乙烯合成抑制剂。乙烯释放剂是指在作物体内释放出乙烯或促进作物产生乙烯的植物生长调节剂。乙烯合成抑制剂是指在作物体内通过抑制乙烯的合成，而达到调节作物生长发育的作用。乙烯类植物生长调节剂不仅促进果实的成熟、叶片的衰老、离层的形成、诱导不定根和根毛的发生，还具有生长延缓作用。

由于乙烯是气体，难以在生产中应用，人们合成了可以在作物体内能够释放出乙烯的化合物。如乙烯利、吲熟酯、乙烯硅和脱果硅等植物生长调节剂。

在生产上，乙烯利的应用最为普遍，可用于番茄、黄瓜、苹果、烟草、棉花等作物催熟；用于玉米、水稻矮化，防止倒伏；诱导不定根的形成；刺激某些作物种子萌发，解除种子休眠；在割胶期涂割胶带、处理橡胶树树皮，促进胶乳分泌和增产；诱导黄瓜、葫芦、南瓜、甜瓜开花和促进雌花形成等。

常用的乙烯合成抑制剂有氨基乙氧基乙烯基甘氨酸（AVG）和氨基氧乙酸（AOA），是乙烯生物合成专一抑制剂，抑制 ACC（1- 氨基环丙烷 -1- 羧酸）酶活性，从而抑制 ACC 形成。AVG 和 AOA 已在生产上应用于抑制乙烯产生，减少果实脱落，抑制成熟，延长果实和切花存放寿命以及改变作物的性别等。

（5）油菜素内酯类

油菜素内酯是从油菜花粉中提取出一种油菜素甾醇类生理活性物质，普遍存在于作物的花粉、叶、果实、种子、枝条内。

与传统的五大类植物激素（生长素、细胞分裂素、赤霉素、乙烯、脱落酸）相比，油菜素内酯类的作用机理独特、生理效应广泛、生理活性极高。油菜素内酯能增加作物对冷害、冻害、病害、除草剂及盐害等的抗性，协调作物体内多种内源激素的相对水平，改变组织细胞化学成分的含量，激发酶的活性，影响基因表达，促进 DNA、RNA 和蛋白质合成，促进细胞分裂和伸长，加快作物生长发育速度，参与光信号调节，影响光周期反应，提高作物产量及种子活力，减少果实的败育和脱落等。

除了天然油菜素内酯外，国内外已经有多种仿生合成并且使用效果良好的油菜素内酯类似物，如表油菜素内酯、高油菜素内酯。

生产上，油菜素内酯类似物的应用范围很广，如粮、棉、油、蔬菜、茶、桑、瓜果、花卉和树木等均可使用，而且增产幅度大、产品质量好，无毒副作用。在蔬菜上应用除提高叶菜类产量外，还可保花、保果、增大果实和改善品质等。

（6）三十烷醇

三十烷醇是天然产物，广泛存在于蜂蜡和植物蜡质中，也有人工合成产品。三十烷醇是一种广谱的植物生长调节剂，高浓度时对作物有抑制作用，低浓度则促进作物生长。三十烷醇可增加作物体多酚氧化酶等酶的活性，应用后可促进种子发芽、发根及花芽分化，改善细胞的透性，提高叶绿素含量，增加叶面积，增强光合作用和同化作用，也能增加结实率、改善品质和提早成熟。广泛用于多种作物，如水稻、小麦、玉米、花生、大豆、棉花及蔬菜等。

2. 植物生长延缓剂

植物生长延缓剂不抑制顶端分生组织的生长，而对茎部亚顶端分生组织的分裂和扩大有抑制作用，因而它只使节间缩短、叶色浓绿、植株变矮，而植株形态正常，叶片数目、节数及顶端优势保持不变。外施赤霉素可逆转植物生长延缓剂的效应。

（1）矮壮素（氯化氯代胆碱，CCC，三西）

矮壮素延缓生长的性质可能是由于抑制了赤霉素的合成，已经证明矮壮素可以抑制稻恶苗病菌产生赤霉素，矮壮素对高等植物的作用是竞争性地抑制赤霉素的作用。矮壮素抑制细胞伸长，而不抑制细胞分裂。矮壮素可经叶片、幼枝、芽、根系和种子进入植株体内。

矮壮素在生产上的作用是控制植株的徒长，促进生殖生长，使植株节间缩短而矮、壮、粗，根系发达，抗倒伏。同时，叶色加深，叶片增厚，叶绿素含量增多，光合作用增强，从而提高坐果率，也能改善品质，提高产量。矮壮素还有提高某些作物的抗旱、抗寒、抗盐碱及抗某些病、虫害的能力。

（2）丁酰肼（比久，B9）

丁酰肼可以被作物根、茎、叶吸收，并在作物体内运转，主要集中于顶端及亚顶端分生组织，抑制细胞分裂和生长素的活性，干扰赤霉素的合成，从而抑制细胞分化，使纵向细胞变短，横向细胞增大，从而使作物变矮，但不影响开花和结果。

（3）缩节胺（甲哌啶，助壮素，Pix）

缩节胺可通过作物叶片和根部吸收，传导至全株，可降低植株体内的赤霉素活性，从而抑制细胞的伸长，使顶芽长势减弱，控制株型纵横生长，使植株节间缩短，株型紧凑，叶色深厚，叶面积减小，并增加叶绿素的合成，可防止植株旺长，推迟封行等。缩节胺还能使作物提前开花，提高坐果率（结实率），从而增加产量。

缩节胺主要在棉花上应用，防止棉花徒长，防止蕾铃脱落，也可用于小麦防倒伏。用于防止葡萄、柑橘、桃、梨、枣、苹果等果树新梢过长。

（4）多效唑（PP333）

多效唑可以通过作物的根、茎、叶吸收，是内源赤霉素合成的抑制剂，可明显减弱顶端生长优势，促进侧芽（分蘖）滋生，茎变粗，植株矮化紧凑；能增加叶绿素、蛋白质和核酸的含量；可降低植株体内赤霉素物质的含量，也可降低吲哚乙酸的含量和增加乙烯的释放量。另外，多效唑还可增加叶绿素、核酸、蛋白质含量，阻滞或延迟作物衰老，增加抗逆性。多效唑也是一种杀菌剂，能有效防治锈病、白粉病。

3. 植物生长抑制剂

植物生长抑制剂主要作用于作物顶端，对顶端分生组织具有强烈的抑制作用，使其细胞的核酸和蛋白质合成受阻，细胞分裂慢，顶端停止生长，导致顶端优势的丧失。作物形态也发生变化，如侧枝数目增加、叶片变小等。因为这种抑制作用不是由抑制赤霉素引起的，外施生长素等可以逆转这种抑制效应，而外施赤霉素则无效。

（1）脱落酸

脱落酸在作物生长发育过程中，其主要功能是诱导作物产生对不良生长环境（逆境）的抗性，如诱导作物产生抗旱性、抗寒性、抗病性、耐盐性等。

在生产上，脱落酸或脱落酸异构体主要通过工业发酵来生产。用脱落酸浸种、拌种、包衣等方法处理水稻种子，能提高发芽率，促进秧苗根系发达，增加有效分蘖数，促进灌浆，增加秧苗抗病性。也有用于棉花、烤烟、油菜、玉米、小麦、蔬菜等作物的报道，但应用不多。由于脱落酸的发酵成本较高，生产上应用较少。

（2）氟节胺（抑芽敏，Prime）

氟节胺是接触兼局部内吸性高效烟草侧芽抑制剂，适用于烤烟、马丽兰烟、晒烟、雪茄烟。打顶后施药1次，能抑制烟草腋芽发生直至收获。作用迅速，吸收快，施药后只要2h无雨即可生效。药剂接触完全伸展的烟叶不产生药害，能节省大量打侧芽的人工，并使自然成熟度一致，提高烟叶质量。

（3）三碘苯甲酸

三碘苯甲酸的生理作用是抑制植物生长素的传导或降低植株体内的生长素浓度，因而可抑制茎尖和侧枝的形成，阻碍节间伸长，使植株变矮，增加分蘖，叶片增厚、浓绿，顶端优势受阻，对植株有整形和促使花芽形成的作用。

（4）整形素

整形素也是一种生长素传导抑制剂，能阻碍生长素从顶芽向下传导，减弱顶端优势，促进侧芽生长，形成丛生株，并抑制侧根形成。整形素在园艺应用上极为广泛。

（5）抑芽丹（青鲜素，MH）

抑芽丹的主要生理作用是抑制细胞分裂，但不妨碍细胞膨大，从而抑制作物芽的生长。用于马铃薯、洋葱、大蒜、萝卜等作物，防止贮藏期发芽变质，也用于棉花、玉米杀雄，

57

对核桃、女贞等，可起到打尖、修剪作用。抑芽丹致癌。

（三）植物生长调节剂的施用方法

①浸蘸法。多用于种子处理、催熟果实、贮藏保鲜、促进插条生根等，其中以促进插条生根最为常用。

②涂抹法。采用毛笔等工具将植物生长调节剂涂抹处理部位。例如，把乙烯利涂抹到果实上以催熟。

③喷施法。将植物生长调节剂加适量的表面活性剂配成一定浓度的药液，用喷雾器将其喷洒在植物的茎、叶、花、果等部位。

④浇施法。多用于土壤处理。先将植物生长调节剂配成一定深度的药液，再把药液直接浇灌于土壤中，通过根系吸收而达到化学调控的目的。

⑤气体熏蒸法。适用于有挥发性的植物生长调节剂。

⑥拌种与种子包衣。拌种是指将液体或固体药剂用水稀释或直接与种子拌匀，处理一段时间后晾干播种。种子包衣是指将植物生长调节剂加入种衣剂中，进行包衣处理。

第五节　病虫草害防治

一、作物病害

（一）作物病害的概念

作物病害是指作物受到病原生物或（和）不良环境条件的持续影响，正常的生理和生化功能受到干扰，生长和发育受到影响，因而在生理或组织结构上出现种种病理变化，表现各种不正常状态，甚至死亡的现象。

作物在生长过程中受到多种因素的影响，其中：直接引起病害的因素称为病原，包括生物性和非生物性病原；其他因素统称为环境因子。生物性病原又称为病原物，包括真菌、细菌、病毒、植原体、寄生线虫、寄生性种子作物、藻类和螨类等。非生物性病原包括温度不宜、湿度失调、营养不良和有毒物质的毒害等。

作物病害的发生具有一个病理变化的过程。首先，生理机能出现变化，如呼吸作用和蒸腾作用的加强等，称为生理病变。其次，以生理病变为基础，进而出现细胞或组织结构上不正常的改变，如叶绿体或其他色素体的增减、细胞数目和体积的增减等，称为组织病变。最后，在形态上产生各种各样的症状，如根、茎、叶、花、果实的坏死、腐烂、畸形等，称为形态病变。由生理病变到组织病变再到形态病变的过程称为病理程序。

从生产和经济的观点出发，有一些病变也会提高作物的经济价值。有些花卉因感染病毒后，尽管发生了某些病态，却增加了它们的经济价值和观赏价值。通常将这类"病态"并不作为病害来对待。

（二）作物病害的类型

作物病害的种类很多，根据致病因素的不同，可将作物病害分为以下三类：

1.侵染性病害

侵染性病害是指由病原物引起的病害。侵染性病害在作物之间和田块之间可以相互传染，所以又称为传染性病害。在发病植株上可以检查到致病的病原物。

按病原物种类不同，侵染性病害一般分为以下几种：①真菌病害，如稻瘟病、小麦锈病；②细菌病害，如大白菜软腐；③病毒病害，如烟草花叶病；④寄生植物病害，如菟丝子；⑤线虫病害，如大豆胞囊线虫病；⑥原生动物病害，如椰子心腐病。

2.非侵染性病害

非侵染性病害又称为生理病害或非传染性病害，是指非生物性病原引起的病害。这类病害常见的有：①营养元素缺乏所致的缺素症；②水分不足或过量所引起的旱害和涝害；③低温或高温所致的冻害、寒害或灼伤；④大气或土壤中有毒物质所致的毒害；⑤农药及化学制品使用不当造成的药害。

侵染性病害和非侵染性病害关系密切。非侵染性病害的为害性，不仅在于它本身可以导致农作物的生长发育不良甚至死亡，而且由于它削弱了植株的生长势和抗病力，因而容易诱发其他侵染性病原的侵害，使作物受害加重造成更大的损失。另外，作物发生了侵染性病害后，也会降低对不良环境条件的抵抗力。

3.遗传性病害

作物自身遗传因子或先天性缺陷引起的病变，称为遗传性病害。如白化苗、先天不孕等，它与外界致病因素无关，因而不同于一般病害。

（三）作物病害的症状

作物病害的症状是指作物感病后，内部的生理活动和外观的生长发育所显现出来的病态特征。典型的外部症状包括病状和病症。病状是指感病后作物本身的异常表现，如过度生长、发育不良、褐色的斑点、透明的条纹和坏死等。病症是指在作物发病部位出现的病原物的个体，如真菌的菌丝体、菌核、孢子器、黑粉、白粉、锈状物、霉状物、细菌的菌脓、线虫的虫体等。

1.病状类型

①变色。作物感病后局部或全株失去正常的绿色，称为变色。作物绿色部分均匀变色，即叶绿素的合成受抑制或叶绿素被破坏而使植株褪绿，称为黄化。有的作物叶片发生不均匀褪色，呈黄绿相间，称为花叶。有的叶绿素合成受抑制，而花青素生成过剩，使叶色变

红或紫红，称为红叶。

②坏死。作物的细胞和组织受到破坏而死亡，称为坏死。通常是由于病原物杀死或毒害作物，或是寄主作物的保护性局部自杀造成的。作物染病后最常见的坏死是病斑。病斑可以发生在作物的根、茎、叶、果等各个部分，形状、大小和颜色不同，但轮廓一般比较清楚。有的病斑受叶脉限制，形成角斑；有的病斑上具有轮纹，称为轮斑或环斑；有的病斑呈长条状坏死，称为条纹或条斑；有的病斑上的坏死组织脱落后，形成穿孔。病斑可以不断扩大或多个联合，造成叶枯、枝枯、茎枯、穗枯等。

③腐烂。作物组织较大面积的分解和破坏。通常是由于病原物产生的水解酶分解、破坏作物组织造成的。根、茎、叶、花、果都可发生腐烂，幼嫩或多肉的组织则更容易发生。腐烂与坏死有时很难区别。一般来说，腐烂是整个组织和细胞受到破坏和消解，而坏死则多少还保持原有组织的轮廓。

④萎蔫。作物由于失水而导致枝叶萎垂的现象称为萎蔫。萎蔫有生理性和病理性之分。生理性萎蔫是由于土壤中含水量过少，或高温时过强的蒸腾作用，使作物暂时缺水，若及时供水，则作物可以恢复正常。病理性萎蔫是指作物根或茎的维管束组织受到破坏而发生供水不足所出现的凋萎现象，如黄萎、枯萎、青枯等。这种凋萎大多不能恢复，常导致植株死亡。

⑤畸形。由于病组织或细胞生长受阻或过度增生而造成的形态异常称为畸形。植株发生抑制性病变，生长发育不良，可出现矮缩、矮化，或叶片皱缩、卷叶、蕨叶等病状。病组织或细胞也会发生增生性病变，生长发育过度，病部膨大，形成瘤肿。枝或根过度分枝，产生丛枝或发根。有的病株比健株高而细弱，形成徒长。此外，作物花器变成叶片状结构，使作物不能正常开花结实，称为变叶。

2. 病症类型

①霉状物。霉状物是真菌的菌丝、各种孢子梗和孢子在作物表面构成的特征。表现为各种毛绒状的霉层，其着生部位、颜色、质地、结构常因真菌种类不同而异，如绵霉、霜霉、青霉、绿霉、黑霉、灰霉、赤霉等。

②粉状物。病部产生各种颜色的粉状物。分为白粉、黑粉、锈粉、白锈等。如小麦白粉病的白粉、小麦锈病的锈粉、玉米瘤黑粉病的黑粉等。

③锈状物。病部表面形成小疱状突起，破裂后散出白色或铁锈色的粉状物，分别是白锈病和各种锈病的病症。

④粒状物。病部产生大小、形状及着生情况差异很大的颗粒状物。有的是针尖大的黑色或褐色小粒点，不易与寄主组织分离，如真菌的子囊果或分生孢子果；有的是较大的颗粒，如真菌的菌核、线虫的胞囊等。

⑤索状物。患病作物的表面产生不同颜色的菌丝索，即真菌的根状菌索。

⑥脓状物。潮湿条件下在病部产生黄褐色、胶黏状似露珠的脓状物，即菌脓。干燥后形成黄褐色的薄膜或胶粒，这是细菌病害特有的病症。

有些病害，如许多真菌病害和细菌病害既有病状又有明显的病症。但有些病害，如病毒和菌原体病害，只能看到病状，而没有病症。各种病害大多有其独特的症状，常常作为田间诊断的重要依据。但是，不同的病害可能有相似的症状，而同一病害发生在寄主不同部位、不同生育期、不同发病阶段或不同环境条件下，也可能表现出不同的症状。在这种情况下，必须在症状观察的基础上做显微镜检查，以便直接鉴定病原的种类。

二、作物虫害

（一）作物害虫与作物虫害

作物害虫是指那些啃食作物的器官或吸食作物的汁液，危害作物的生长发育或影响产品质量，甚至致作物死亡的昆虫和螨类等生物。作物虫害是指害虫的虫口密度升至一定水平，致使作物产量和品质下降，造成经济损失的现象。

（二）害虫为害作物的方式

为害作物的昆虫大多属于直翅目（咀嚼式口器，如蝗虫）、等翅目（通称白蚁）、半翅目（通称蝽象）、同翅目、缨翅目（通称蓟马）、鞘翅目（通称甲虫）、鳞翅目（通称蛾或蝶）、双翅目和膜翅目（多数为通称的蜂类）9类。为害作物的螨类，主要属于蜱螨目的叶螨科、走螨科、叶瘿螨科。贮粮害虫的螨类多属粉螨科。

害虫为害农作物的方式，分为直接为害和间接为害两种。

1. 直接为害

昆虫利用口器取食或产卵管将卵产在作物组织内所造成的伤害，称为直接为害。

（1）口器取食为害

昆虫的口器依其结构及取食方式可分为6种：①咀嚼式。用于咀嚼固体食物，如蝗虫、金龟子、蝶蛾类幼虫等。其为害部位呈啃食状，叶片被食后呈穿孔状，严重时，仅剩叶脉。②刺吸式。这类口器呈长针状，有4～6根，依昆虫种类而异，适于穿刺作物组织内吸收汁液，如叶蝉、射虫、粉虱、木虱、介壳虫、椿象等。不是昆虫的蛾类，如叶螨、茶细蛾、根螨，也属于刺吸式口器为害。由于吸食作物组织汁液，破坏叶绿体，受害部位呈现白斑状的为害特征，受害严重则枯萎、变形。可传播作物病原菌的害虫多数是这类口器。③锉吸式。锉吸式口器为缨翅目蓟马类昆虫所特有。这种口器的特点是上颚不对称，即右上颚退化或消失，口针是由左上颚和一对下颚口针特化而成，取食时先以左上颚锉破作物表皮，然后以头部向下的短喙吸吮汁液。由于是利用口器戳破作物表皮，受害部位容易出现疤痕状，受害初期也呈现白色斑点状，中后期则呈现褐色疤痕。此类口器也可传播作物病原菌。

④虹吸式。虹吸式口器为鳞翅目蝶蛾类成虫的口器。此类口器具长条状的食管，如吸管般地吸食汁液，不用时卷曲如钟表内的弹簧。⑤嚼吸式。嚼吸式口器兼有咀嚼固体食物和吸食液体食物两种功能，为一些高等蜂类所特有。⑥舐吸式。舐吸式口器为双翅目蝇类所特有，如家蝇、花蝇、食蚜蝇等。

（2）产卵管戳刺作物或果实表皮为害

某些昆虫如潜叶蛾、果实蝇、潜蝇、天牛等会将卵产在作物表皮内或树干内，孵化幼虫则在表皮内或树干内钻孔取食危害，受害叶片上形成不规则的图案，受害果实则腐烂。

2. 间接为害

因分泌物或携带病原菌致使作物感病，称为间接为害。如蚜虫、木虱、介壳虫等昆虫分泌蜜露导致煤烟病、柑橘黄龙病等。

（三）害虫防治的基本途径

有害虫存在并不一定造成农作物虫害。因为各种农作物具有一定的忍受和抵抗害虫危害的能力。当害虫种群密度不足以为害寄主作物、导致经济损失时，就不构成虫害。

农作物发生虫害，需要一定的条件。首先，必须有害虫的虫源。其次，害虫必须在有利的环境条件下繁殖发展到足以危害农作物生产的群体数量。最后，有些害虫只能在其寄主作物一定的生育期才能为害或使为害程度更加严重，亦即足够大的害虫种群与农作物易受虫害的生育期相吻合时，才能造成农作物虫害。

基于上述认识，害虫防治的基本途径主要有如下三条：

①减少和控制虫源。控制田间的生物群落，争取减少害虫的种类与数量，增加有益生物的种类与数量。

②抑制害虫的种群数量。控制主要害虫种群的数量，使其被抑制在足以造成作物经济损失的数量水平之下。措施包括：消灭或减少虫源；恶化害虫发生为害的环境条件；及时采取适当的措施，抑制害虫大量发生为害。

③调控作物易受虫害的危险生育期。通过调整作物播种期错开农作物易受虫害的危险生育期与害虫盛发期的时间，减轻或避免作物虫害。

三、作物病虫害综合防治

（一）病虫害综合防治策略

1. 综合防治的概念

综合防治是根据有害生物和有关环境之间的相互关系，充分发挥自然控制因素的作用，协调运用各种适当防治技术，将有害生物控制在经济损害允许水平以下，以获得最佳经济、生态和社会效益的作物保护措施体系。综合防治的对象最初是针对一个地区、一种作物上的各种主要害虫，现代综合防治范围已扩大到所有为害作物的主要生物，包括害虫和各种植物病原，称为有害生物综合防治，有些国家称为有害生物综合治理。

综合防治体现了生态学、经济学、环境保护学三个基本观点，强调了生物与环境的整体观和不以彻底消灭病虫为目的的防治思想。

2. 病虫害综合防治策略的内涵

（1）生态学的观点

农业生态学的观点，是综合防治思想的核心。把有害生物与其所处的空间环境看成一个整体，彼此间通过物质代谢和能量循环而存在着相互制约、相互依赖的关系，改变其中某一组成部分即可引起其他组分的相应变动。根据这种观点，综合防治措施的制定，首先要在了解病虫及优势天敌依存制约的动态规律的基础上，明确主要防治对象的发生规律和防治关键，加强或创造对有害生物的不利因素（如造成自然死亡因素，包括气候、食料、自然天敌及抗性品种等），避免或减少对有害生物有利的因素，力求达到全面控制数种病虫严重为害的目的，同时防止产生不利于人类的生态后果。

（2）经济阈值及防治指标

除灾害性的植物检疫对象外，综合防治的最终目的不是彻底消灭为害农作物的有害生物，而是使其种群密度维持在一定水平之下，即经济受害水平之下。

在农作物有害生物的综合防治中，通常要确立一些重要有害生物的经济受害水平和经济阈值。所谓经济受害水平，是指某种有害生物引起经济损失的最低种群密度，经济阈值是指为防止有害生物密度达到经济受害水平应进行防治的有害生物种群密度。当有害生物的种群密度达到经济阈值就必须进行防治，而如果密度达不到经济阈值则不必采取防治措施。因此，人们必须研究有害生物的数量发展到何种程度，采取防治措施，以阻止有害生物达到造成经济损失的程度，这就是防治指标。

为此，必须根据有害生物的发生数量、作物本身的经济价值和抵抗或补偿能力、天敌的控制效应，以及有害生物对作物产量所造成的损失等，制定科学的经济阈值（或防治指标）作为防治决策的依据。此外，制定的防治措施应尽可能兼治多种有害生物，并为提高防治的预见性做好预测预报工作，从多方面考虑减少成本，增加经济效益。

（3）保护环境

综合防治既要考虑防治对象和被保护对象，又要考虑环境保护和资源的再利用。制定的综合防治措施要充分发挥自然控制因素的作用，在保证作物不受有害生物危害的同时，力求避免或减少污染环境，确保良好的环境质量。

病虫害的综合防治并不排斥化学防治，而是要求按照病虫与作物、天敌、环境之间的自然关系进行化学防治。一切防治措施必须对人、畜、作物和有益生物安全，毒害小。必须科学合理地使用农药，有效地防治病虫，保护天敌，既保证当前安全毒害小，又能长期安全残毒少，符合环境保护原则。

（4）协调运用各种防治措施

综合协调绝非各种防治措施的机械相加，也不是越多越好，而必须根据作物的主要有害生物，考虑各种防治措施的优点和局限性，选用适当的措施，力求避免或减少相互抵消或削弱防治效果，但也不排斥能较圆满地解决问题的单一措施。

3.综合防治方案的主要类型

①以一种主要病虫为对象进行综合防治，如对水稻稻瘟病的综合防治方案。

②以一种作物所发生的主要病虫害为对象进行综合防治，如对水稻病虫害制定综合治理措施。

③以作物生态区域为基本单位的多种作物、多种防治对象的综合防治，如以某个县、某个乡镇为对象，制定主要作物的重点病、虫、草等有害生物的综合防治措施。

（二）病虫害防治措施

1.植物检疫

植物检疫又称为法规防治，指一个国家或地区用法律或法规形式，禁止某些危险性的病虫、杂草人为地传入、传出，或对已经发生及传入的危险性病虫、杂草采取有效措施消灭或控制蔓延。

植物检疫分对内检疫和对外检疫。对内检疫的主要任务是防止和消灭通过地区间的物资交换、调运种子、苗木及其他农产品贸易等，使危险性有害生物扩散蔓延，又称国内检疫。对外检疫是国家出入境检验检疫局在港口、机场、车站和邮局等国际交通要道设立植物检疫机构，对进出口和过境应施检疫的植物及其产品实施检疫和处理，防止危险性有害生物的传入和输出。

植物检疫的内容主要包括确定检疫对象、划分疫区和非疫区、植物及植物产品的检验与检测、疫情处理四部分。

①确定检疫对象。确定植物检疫对象的一般原则：必须是我国尚未发生或局部发生的主要植物的病虫害；必须是严重影响植物的生长和价值，而防治又是比较困难的病虫害；必须是容易随同植物材料、种子、苗木和所附泥土以及包装材料等传播的病虫害。

②划分疫区和非疫区（保护区）。疫区是指由官方划定、发现有检疫性病虫害危害并由官方控制的地区。非疫区是指有科学证据证明未发现某种检疫性病虫害，并由官方维持的地区。对疫区应严加控制，禁止检疫对象传出，并采取积极措施，加以消灭。对非疫区要严防检疫对象的传入，充分做好预防工作。

③植物及植物产品的检验与检测。植物检疫检验一般包括产地检验、关卡检验和隔离场圃检验。产地检验是指在调运植物产品的生产基地所实施的检验；关卡检验是指货物进出境或过境时对调运或携带物品实施的检验，包括货物进出国境和国内地区间货物调运时

的检验；隔离场圃检验是指对有可能潜伏有危险性病虫的种苗实施的检验。

④疫情处理。疫情处理所采用的措施依情况而定。一般在产地隔离场圃发现有检疫性病虫，常由官方划定疫区，实施隔离和根除扑灭等控制措施。关卡检验发现检疫性病虫时，则通常采用退回或销毁货物、除害处理和异地转运等检疫措施。

2. 选育抗性品种

选育抗性品种是防治作物病虫害的最好方法，也是综合防治中最经济、最有效的一种方法。在多种作物病害中，尤其是许多大田作物的病害，如小麦锈病、稻瘟病、玉米大斑病和小斑病、马铃薯晚疫病等，主要是利用抗病品种来防治的。但抗性品种的使用也有其局限性，主要表现：①抗性品种主要是针对专性病虫害，对于非专性病虫害，不容易找到抗性类型的品种。②对于专性寄生菌引起的病害，由于病原菌致病力的变异，不断产生毒力强的新生理小种，容易使推广不久的抗病品种变成不抗病而失去生产使用价值。③一种作物往往有多种病害，要育成抗多种病害的品种并不容易。④抗病品种和产品的品质及作物的早熟性有一定的矛盾，品质优良又早熟的品种一般抗性较差。

3. 农业防治

农业防治是指合理运用耕作和栽培管理措施，压低有害生物的数量，创造有利于作物生长发育而不利于有害生物发生的农田生态环境，直接或间接地消灭或抑制有害生物发生与危害的方法。农业防治方法大多为预防性的，其防治效果有局限性。当病虫害大发生时，还必须采用其他防治措施。

农业防治的局限性表现：防治效果慢，对暴发性病虫害的防治效果不大，具有较强的地域性和季节性，常受自然条件的限制等。

（1）改进耕作制度

长期不变的作物种植方式，为相应的病虫提供稳定的栖息环境及丰富的食源，常会导致次要病虫上升为主要病虫，常发性病虫再猖獗的现象。通过合理的轮作倒茬，特别是水旱轮作，可均衡利用土壤养分，改善土壤理化性质，调节土壤肥力，便于作物健康生长，提高抗病虫能力，还可以恶化某些病虫的生活环境及食物条件，达到抑制病虫的目的。如稻—麦、稻—棉等水旱轮作，可明显减少多种病、虫、草的危害，也是防治小麦吸浆虫、地下害虫、棉花枯萎病等的有效措施。而非寄主间旱作轮作也可达到同样防治效果，特别是对土壤传播的病害尤为明显。合理的间作套作也是抑制病虫危害的有效措施。如麦、棉套种，可隔阻棉花苗期蚜虫的迁入，麦收后又能增加棉株上瓢虫等天敌的数量，减轻棉蚜危害。但适于某种病虫危害的作物间作则是不利的。如玉米和大豆间作有利于蛴螬的发生，棉花和大豆间作有利于叶螨的发生等。

（2）田园清洁

受病虫危害的残体和掉落在田间的枯枝落叶，往往是病虫隐蔽及越冬的场所，是翌年的病虫来源。田园清洁包括：拔除中心病株，清除或处理好遗留在田间的病残组织和虫卵，

65

以减少田园病原物和害虫的数量。

一些病原物或害虫可以在杂草寄主上越冬，铲除杂草可以减少初侵染的毒源或虫源。有些锈菌需要在两种寄主上才能完成其生活史，若铲除经济意义不大的一种寄主，病害就能有效控制。

（3）中耕和深耕

土壤是多种病虫生活和栖息潜伏的场所适时中耕和深耕不仅可以改善土壤的理化性状，有利于作物的生长发育，提高抗性，还可以通过深耕翻土使病虫暴露于地表或深埋于土层中，恶化其在土壤中的生存环境，破坏蛰伏在土内休眠的害虫巢穴和病菌越冬的场所，直接消灭病原生物和害虫。

（4）使用无害种苗

许多作物病虫害的病原物和虫源是通过种苗携带的，带病虫的种苗是病虫害远距离传播的主要途径之一，使用无病虫留种田和无病虫繁殖区是防止病虫害传播扩散的重要手段。无病虫留种田和无病虫繁殖区与一般大田要隔开一定的距离，防止病原物和害虫的侵染。如小麦散黑穗病的无病种子田最少应在100m以上的隔离区。此外，生产上还常通过种苗无害化处理、工厂化组织培养脱毒苗等途径获得无害种苗，以杜绝种苗传播病虫害。

（5）调节播种期

某些病虫害常和作物的某个生长发育阶段密切相关。如果设法使这一生长发育阶段错过病虫大量侵染为害的危险期，避开病虫为害，也可达到防治目的。

（6）加强田间管理

合理的田间管理措施，可创造一个有利于作物生长发育，而不利于有害生物发生危害的农田小气候环境和生态环境，能有效地控制病虫害的发生与危害。主要包括：①合理灌溉。土壤含水量的多少通常是一些病虫害发生轻重的重要原因，同时也是影响作物生长发育的重要因素。在棉花育苗期间，苗床四周开沟畅通，排水良好，通常不易诱发苗期病害的发生。在稻区，冬后灌水可使二化螟的越冬幼虫和蛹在短时间内大量窒息死亡，在水稻生长期间，及时排水晒田，可明显降低稻飞虱的产卵与为害。②合理施肥。施肥是田间管理的主要内容。科学施肥，可以控制或减轻一些病虫的发生，相反，则往往会引起病虫害的暴发，加重为害程度。

4. 生物防治

生物防治是以有益生物及其代谢产物控制有害生物种群数量的方法。生物防治法的优点是对人畜安全，不污染环境，控制病虫作用比较持久，一般情况下，病虫不会产生抗性。因此，生物防治是病虫防治的发展方向。但是，生物防治也存在一定的局限性，它的效率一般不够高，效果不够稳定，常受各种环境条件的变化和地域变化的影响。因此，生物防治不能完全代替其他的防治，必须与其他的防治方法相结合，综合应用于有害生物的治理中。

66

农业栽培技术与智能技术应用

生物防治中，防治虫害主要是通过以虫治虫、以菌治虫和有益生物的利用，防治病害主要是通过抗生菌、重寄生、交叉保护诱发抗性等作用，抑制某些病原物的存活和活动。

（1）作物虫害的生物防治

①以虫治虫。利用天敌昆虫来防治害虫。天敌昆虫有捕食性和寄生性两大类。利用天敌昆虫防治害虫，其主要途径有三个方面：一是保护、利用自然天敌昆虫；二是繁殖和施放天敌昆虫；三是引进天敌昆虫。天敌昆虫主要有瓢虫、螳螂、草蛉、步行虫、食蚜蝇、食虫虻，以及各种寄生蜂、寄生蝇等。我国在试验应用赤眼蜂、金小蜂、肉食性瓢虫、草蛉等防治松毛虫、玉米螟、棉红铃虫、棉蚜等害虫，已取得了一定成效。

②以微生物治虫。利用微生物或其代谢产物控制害虫总量。自然界中有许多的微生物能使害虫致病。昆虫的致病微生物中多数对人畜无毒无害，不污染环境，形成一定的制剂后，可像化学农药一样喷洒，常被称为微生物农药。已经在生产上应用的昆虫病原微生物包括细菌、真菌、病毒。我国生产的细菌杀虫剂主要是苏云金杆菌类的杀螟杆菌、青虫菌、红铃虫杆菌等。真菌杀虫剂主要是白僵菌。病毒杀虫剂主要是核多角体病毒。

③利用害虫天敌动物治虫。许多害虫天敌如益鸟、两栖动物等能捕食大量的害虫。比较重要的鸟类包括红脚隼、大杜鹃、啄木鸟、山雀和家燕等，它们捕食的害虫主要有蝗虫、螽斯、叶蝉、木虱、蝽象、吉丁虫、天牛、金龟子、蛾类幼虫、叶蜂、象甲和叶甲等。两栖动物用于防治害虫的主要是蟾蜍、青蛙，取食的昆虫包括蝗虫、蝶蛾类的幼虫及成虫、叶甲、象甲、蝼蛄、金龟子、蚂蚁等。此外，我国的稻鱼共作、稻鸭共作的种养模式也取得了较好的害虫防治效果。

（2）作物病害的生物防治

作物病害的生物防治是通过直接或间接的一种至多种生物因素，以削弱或减少病原物数量与活动，或者促进作物生长发育，从而达到减轻病害并提高产量和质量的目的。

①抗生菌的利用。利用人工提取的由拮抗菌分泌的抗菌素来防治作物病害。所防治的对象是土壤传播的病害，特别是种苗病害。主要的施用方法是在一定的基物上培养活菌，用于处理作物种子或土壤。农用抗菌素主要有链霉素、四环素、春雷霉素、内疗素、井冈霉素、春日霉素、多氧霉素、青霉素、木霉素、灰黄霉素、头孢霉素等。

②重寄生的利用。有益微生物寄生于病原物上的现象称为重寄生。它可以削弱、消灭病原物或降低其致病力，从而减轻病害的发生程度。重寄生包括有益真菌寄生在病原真菌上、有益细菌寄生在真菌上、病毒寄生在病原真菌和细菌上。利用重寄生物进行作物病害的控制是近年来病害生物防治的重要领域。

③交叉保护作用。交叉保护是指接种弱毒微生物诱发作物的抗病性，从而抵抗强毒病原物侵染的现象。在病毒上，同一病毒的弱毒株系，对强株系有交叉保护作用。

④抑病土的利用。广义上，抑病土包括所有不利于病害发生的土壤。狭义上，抑病土

67

是指那种能自然降低病害发生程度的土壤。其主要特点是：病原物引入后不能存活或繁殖；病原物可以存活并侵染，但感病后寄主受害很轻；或病原物在这种土壤中可以引起严重病害，但经过几年或几十年发病高峰之后病害减轻至微不足道的程度。

⑤捕食作用的利用。主要指土壤中的线虫、原生动物等捕食真菌的菌丝、孢子或细菌的菌体，从而降低土壤病原真菌或细菌的群体数量。迄今在耕作土壤中已发现了百余种捕食线虫的真菌，其菌丝特化为不同形式的捕虫结构。

⑥根系分泌物。作物的分泌物作为寄主自身抗病性的第一阶段（侵染前阶段）起着不可忽视的作用，分泌物中的某些物质能在抵御病菌侵入中发挥作用。

5. 物理防治

物理防治是指利用各种物理因子、人工和器械防治有害生物的方法。物理防治见效快、防效好、不发生环境污染，既可作为有害生物的预防或辅助措施，又可用作有害生物大发生时或其他方法难以解决的病虫害的一种应急措施。

物理防治的主要方法：①直接捕杀。根据害虫的栖息地或活动习性，可直接人工或用简单器械捕杀。②诱集或诱杀。主要是利用害虫的某种趋性或其他特性，如潜藏、产卵、越冬等对环境条件的要求，采取适当的方法诱集或诱杀。③阻隔分离。掌握害虫的活动规律，设置适当的障碍物，阻止害虫侵入为害或直接消灭。④温湿度的利用。不同种害虫对温湿度有一定的要求，有其适宜的温区范围，高于或低于适宜温区的温度，必然影响害虫的正常生理代谢，从而影响其生长发育、繁殖与为害，甚至影响其存活率。例如，用温水浸种或开水烫种，可防治由种子带菌的病害。⑤微波辐射的利用。微波防治技术是借助微波加热快和加热均匀的特点，通过高温来杀灭害虫。此法是利用小型的微波炉来处理某些农产品和作物种子中的害虫。近几年，利用等离子体种子消毒法、气电联合处理法、辐射技术进行防治，均取得了一定进展。

6. 化学防治

化学防治是指利用各种化学药剂的生物活性控制有害生物数量的一种方法。化学防治在综合防治中占据非常重要的位置，在保证农业增产增收上一直起着重要作用。化学防治的优点：①防治效果显著，收效快，既可在病虫发生之前作为预防性措施，又可在病虫发生之后作为急救措施，迅速消除病虫为害，收到立竿见影的效果。②使用方便，受地区和季节性限制小。③可大面积使用，便于机械化生产。④防治对象广，几乎所有作物病虫均可用化学农药防治。⑤可工业化生产、远距离运输和长期保存。

但化学防治法有其局限性，由于长期、连续、大量使用化学农药，相继出现了一些新问题：①病、虫、草产生抗药性；②化学防治成本上升；③破坏生态平衡；④污染环境。应充分认识化学防治的优缺点，趋利避害，扬长避短，使化学防治与其他防治方法相互协调，配合使用，以达到控制有害生物的目的。

第三章 智能技术在蔬菜种植中的应用

第一节 智能化控制技术的组成与原理

智能化控制技术的实现，要依托于计算机自动控制技术，它是一种仿生物的自组织行为过程，有类似于生物的感觉器官与思考判断，以及执行能力。所以，计算机的控制系统包括类似于感觉器官的各类传感器，还有思考判断运算的计算机芯片，再加上以强电为驱动的自动化执行部分，由它来完成各项作业与田间任务。具体到设备设施，就包括以下部分：

计算机主机，主要是由芯片与人机对话界面组成，它负责数据的运算与专家系统之判断，同时也是输入调整参数与指令的窗口。除电脑部分主机之外，更重要的是传感技术，它负责信号的采集，只有准确地采集才会有正确的判断。所以，传感器的灵敏度与精确度将会直接影响到判断及执行的正确性。

传感器包括农业环境因子传感器及生产作业相关的传感器，它的原理一般都是通过化感材料或物理材料组成，因材料遇到外界刺激而发生化学的或电流电阻的变化，再通过把这种变化转化为电信号，经由数模转换系统成为计算机可处理的数字信号，从而实现数理运算与专家判断的一个过程。如温度传感器、湿度传感器、光照强度传感器、营养液浓度传感器，还有机械位移传感器、重力传感器等，由它们的传感为计算机提供植物生长环境因子与田间生长情况甚至是作业执行情况，两者结合可以做到田间作业管理的自动化与气候因子的人工可调化。执行部分犹如人之手脚，它是动作的部分，是完成上级指令专家意图的部分，由强电部分及动作部件组成，强电部分对计算机起到保护作用，动作部件是由调控环境的各种设备组成，如加湿要有迷雾系统、加温要有加热设备、补光又需补光灯等。这样就形成了"数据采集—运算判断—执行调控—再采集—再判断—再调控"的一个开环控制系统，从而实现蔬菜生长环境所涉因子如温光气热营养等最优化，对植物蔬菜的生长促进及发育来说达到了最佳的效果。

另外，生产基地的一些程序性工作也可以通过预设进行定期的执行，如阶段性的根外追肥与空间杀菌等。

　　运用计算机控制系统，可以让蔬菜植物的生长因子最优化。但在实践中，农业因子常常交错并相互影响，同时也会因设施情况及调控装备的配置情况不同，难以实现线性控制。所以，农业生产过程中的控制还得基于逻辑性的模糊控制基础上，不能进行单因子的线性控制。

第二节　基于逻辑模糊控制的农业专家系统

　　蔬菜工厂化生产大多在温室大棚内进行，或者在简易的避雨设施下生产，蔬菜生长的温光气热环境常会因外界天气变化而变化，如盛夏的高温干燥、冬季的寒冷弱光等都会成为不利蔬菜生产生长的影响因素，而工厂化生产的目的是最大化地实现环境的相对可控性与可调性，使蔬菜植物生长在一个相对稳定的适合环境下，这样才能发挥蔬菜工厂生产效率的最大化。前面也已提及，环境因子的多样性与相互的影响性，只简单地进行线性控制是不可能实现的，必须加入人们的经验性推理而形成的模糊逻辑，再按照所建的控制模型与程序进行区间控制。所谓区间控制，也就是上下限域值间的控制。这对于蔬菜生长不会有影响，因为蔬菜的生长参数有较宽的适应阈值，而且区间控制更易实现多因子间相对合理且非冲突控制的实现。比如空气温度与空气湿度间控制，在夏天常因温室的高温而必须降温迷雾，而此动作又会使湿度升高，如果此时是基于某一点参数的线性控制，计算机又会作出通风降湿的控制决策，结果排风扇又会立即开启。这种频繁的执行动作过程不仅不能达到良好的控制结果，还会使设备的使用压力增大，损坏率大大提高，能量的无谓消耗也自然增大，这对于节能化高效化的蔬菜工厂要求来说是不相符的。如果各项参数间都预设一定的区间域值，就可以起到大大的缓冲作用，不会有太多的执行冲突与控制逻辑的紊乱发生。实践证明，在多因子参与下只进行一点参数的设定与线性控制，计算机是没法正常运行的。即使能运行也会使设备设施很快遭到损坏。除了参数的设定要进行区间设定外，控制的执行也是需要进行模糊判断才行，不能套用工业控制太过于准确地执行，大多数情况下对采集的信号要进行延时判断执行。比如光照控制，当天边飘过一朵云，传感器采集的信号可能马上会显示照度降低，如果立马启动补光系统，就会造成判断失误，而频繁开启与关闭补光灯，对光照系统的损坏是极大的，所以在控制上就得延时控制。

　　无论哪种控制与信息反馈回路的形成与调控，都离不开各种相关执行部件的执行，而具有相同功能的执行部件又有多种，那么，在生产上不是无所区分地执行，必须有先后的程序。比如说，在芽苗菜智能化栽培过程中，涉及栽培空间加温，只有采用先后次序有所区别的控制，才能达到节能的效果。芽苗菜生产的环境是完全采用泡沫隔绝材料所造，它的中间走廊空间就是一个贮热仓，通过贮热仓庞大的空间来进行栽培车间温度的调控与节能化的调节。在整个系统中，温度的传感器安装了三套，外空间设定一个温度采集点，走廊空间与栽培车间各设定一个采集点。在系统运行时，各传感器会同时采集各自空间的温度信号。外空间是由大棚顶部与泡沫房相隔的空间构成，这个空间常因太阳能的收集与温室效应作用而成为冬天的高温区，特别是有日照的中午，就是在冬季也经常高达40℃～50℃的高温。它就像一个聚集光照的太阳能，是一个重要的加温热源，而由车间相隔形成的中间泡沫走道则有极好的隔热贮热功能，它是一个调节栽培房温度的过渡热源，而栽培车间则是要控制的目标温度区。通常用于芽苗菜车间加温的热源有电加温与蒸气加温及散热管加温，这些加温的执行部件都是需要消耗能源的，无论是电还是煤，都是不可再生的。为了实现最佳的加温效果与最少的能源消耗，在加温程序设定与判断逻辑形成时，要有先后次序才能达到节能效果。当栽培车间温度低于苗菜生长温度区间值时，先不立即开启加温设施，先进行走廊空间温度对照，如此时走道温度高于栽培区温度，就先命令开启吸风扇，让走道热空气往栽培车间流动起到热源的调节作用，把贮藏于走廊空间的热量往栽培区吸送，达到无能耗的加温效果。如果通过一段时间的持续通风加温，还不能达到栽培区间温度的目标值，再发出指令执行车间内的加温设备，以实现温度的最适化调控，这样就可以达到节能效果。另外，贮热仓的热源获取也是这样，先进行外空间温度与走道空间温度的采集判断，当外空间温度高于内空间走道温度时，计算机就发出吸收外空间热空气进行贮热指令，就可以开启吸风扇向走道内吸进热空气进行贮热，待内外空间温度相似时，再行关闭。在此过程中，同样达到了利用太阳能源的节能化效果。在上述控制中，采集参数作为控制参照的同时，更重要的是要考虑判断各组件的先后次序。只有这样，才能达到节能贮热或加温的效果。在蔬菜工厂化生产过程中，类似于这样的控制程序还是很多的。在进行智能化控制专家系统的设定时，除了参数的区间化设定外，还得综合考虑各方面因素与结合经验判断，这样形成的专家系统才是实用而节能的，也可以让各执行部件有更长的使用寿命。

第三节　根据不同栽培模式与蔬菜品种所形成的专家系统

　　蔬菜栽培的工厂化模式很多，设施与环境也各不相同，再加上一些品种不同因素外，就必须对计算机的控制进行预先程式的设定与输入，以实现不同模式与不同蔬菜品种的专家模式栽培，生产使用者也可以更轻松方便地进行选择使用。

　　计算机控制系统实现智能化控制的关键是它的软件部分，在这里叫作农业专家系统。如果针对某种植物蔬菜而言，我们叫植物生长模式。它是根据科研人员大量的实践经验与试验研究所获参数与流程而开发形成的软件系统，这样的软件平台才可以使生产过程真正实现智能化与傻瓜化操作，生产者只需选择好相适应的栽培模式与植物蔬菜种类以及相应的生长发育阶段，就可以调出预先输入的专家数据库，无须进行各参数指标的设定，就可以实现最适合该植物生长模式的专家控制。植物生长模式是针对不同种类或类型的蔬菜植物进行相关环境因子的研究，并为每个环境因子拟定最佳值与适宜值的参数范围，同时还需考虑相关因子间的互动因素进而形成一套逻辑模糊控制程式，以它作为该植物生长的模式，参与智能化的判断与控制。另外，还需结合不同的栽培模式所形成的专家系统模式，同样与植物生长模式一样参与专家判断与运行，从而形成了一个综合的专家控制系统。为适合多种植物与多种模式，系统功能中还预留了人工设定参数与程式编程的功能，让计算机控制系统的运用有较大的适用范围与功能。比如高温极限的人工设定，上下域值的人工设定，操作流程的定时设定等功能，为计算机的灵活运用提供了可伸缩性的扩展功能。

不同的蔬菜植物对环境因子如温度、湿度、光照时间及强度、二氧化碳浓度、积温与极端温度有不同的要求，而且每个环境因子都需要按照区间模糊控制原理给拟定上下限域值，或者基本域值、最适域值与极限域值等，让计算机的运行及智能判断过程中有更大的缓冲性与可伸展性，从而实现各因子间逻辑控制而不发生执行时的矛盾与冲突。蔬菜在不同的生长环境下已进化形成不同的气候要求，从而可根据不同的生态适应性，进行人为的区分，如以光照的习性来分，可分为喜阳植物、喜阴植物、中性植物，而且要把不同光型的植物进行光强度域值的设定，这样就形成了光强及光照时间的控制域值；以温度要求的不同，又可分为高温型品种、低温型品种、适温型品种，同样给予拟定相对应的温度域值，这样就形成了温度控制的专家程式；以对湿度的不同，可分为喜湿型植物与干爽型植物，同样也给予拟定空气湿度域值；因水分需求的不同，又可分为沙漠植物、陆生植物，湿生植物、水生植物、耐旱植物、抗旱植物等。上述分类是针对植物原本形成的生态型进行分类与拟定，但人工栽培还需更多地从最适于人工生态的角度考虑，而进行人为可调的程序编程。所以，每个功能与域值还得赋予微调及校正功能，让运用时的灵活性及栽培可变性更大。

其实，在智能化控制过程中，上述所涉的是生产上运用较广且最为普及的控制方案与模式，在具体的运用与科研生产过程中，还将会涉及更多的控制模式、专家系统及作业流程控制。就说作业流程控制，就是因不同植物栽培过程中一些固定式的工作与操作可以进行设定操作，如根外追肥的周期，及空间场地杀菌消毒作业，还有阶段性的提示预警系统，这些可以不在传感器的采集反馈下进行调控，可以利用时间芯片功能进行定时预设控制。如果结合科研工作，还可以连接各种各样的生理传感器，以生理传感器采集的参数为生产科研之参考，再为生产过程的参数修正与调整提供借鉴，如径流量与流速传感器，重力传感器，可测增重速率，果实直径膨大的位移传感器，水分蒸发蒸腾速率传感器，光合效率传感器等。这些传感器的运用，让人们更为直观地认识蔬菜植物生长过程中生理因子的变化，便于为制定环境因子控制参数提供重要的参考与借鉴。可以与环境控制结合，找到每种植物不同阶段温光气热水的最佳阈值，是科研开发与生产运用相结合的综合智能控制系统。

当然，如果智能化采收与耕作结合所形成的智能管理机器人，将会涉及更多的传感器与智能控制方案，这方面将在未来的农业发展中，特别是无人化的植物工厂中发挥巨大的作用。当前运用于生产较多的有嫁接机器人与采收机器人，其中采收机器人就结合了颜色传感器与检测熟度的传感器，再经智能判断而实施定位采收。

第四节　软件功能在农业计算机中的运用

完成自动控制的过程其实只需上述介绍的三大部分即可，而要让它的运用功能得以最大化扩展还需结合较多的软件技术，甚至还需结合通信技术，以实现智能管理环境的优化与便捷化。软件是硬件功能得以充分发挥与扩展的重要组成部分，农业控制计算机如果与外围电脑连接还可以实现较多可扩展的功能，比如农业参数的记录与曲线生成，以便分析与科研，还可与互联网连接，实现上网信息的下载与传递，更为实用的是，可以运用远程管理软件进行远程的监控，突破农业生产管理空间的局限性，也可以连接无线通信模块，实现无线的手机控制与监控。可以远离现场实施生产操作与管理，这也是未来远程农业发展的主要技术。有了这些功能，使管理使用更为便捷，技术信息服务变得极为快速与方便，可以利用互联网功能的共享性，从远方数据库网站轻松下载各种蔬菜植物的最新专家系统，从而以最新最快的方式更换升级。如果结合视频技术，不仅可以远程操控生产基地，还可以清晰地看到蔬菜基地植物的生长状况，更利于专家的研究与生产管理。

电脑与农业计算机的连接可以实现功能扩展与最大化发挥，让农业生产真正从田间走到办公室，使农民能像白领或文书般轻松地工作，这就是蔬菜工厂为之实现的未来农业新模式。

第五节　用于蔬菜工厂的相关设备

自动控制的实现与工厂化生产的形成，仅凭上述的专家系统与计算机还是不行，它必须依托外围的执行设备，也就是蔬菜工厂环境调控设备与工厂化作业的设备，现就当前与

73

蔬菜工厂化生产相关的或运用较为普及的设备进行简要的介绍。

一、保护地设施

所谓保护地设施，其实就是为蔬菜生产提供外环境保护的设施，当前用得最多就是温室大棚。我国运用较多的大棚类型，有南方的单架拱棚，也有北方的日光温室，还有现代化的联栋温室与玻璃大棚，一些高温地区还有避雨棚设施。当然，如果进行室内蔬菜生产就是工厂化的生产车间，它的主要作用是提供外环境的保护，可以遮雨，也可以保温，还可以创造相对隔离的空间，利于综合因子的调节控制。这些设施又是形成工厂化生产模式最为重要的外围保障系统，没有它，在一个完全开放的环境下，是难以实现各功能因子的综合调控的。

二、加温设备

在环境综合调控中，温度对蔬菜植物的生长是最为重要的参数与指标，特别是冬季的反季节生产，没有温度的保障是不可能确保蔬菜的反季节生产的。用于加温的设备或方法很多，比如电加温的电加热线与热风炉，还有采用锅炉的蒸气加温。最为先进与环保的有堆肥加温与沼气加温的生态加温，还有就是太阳能加温。当然，具体的运用与选择还是要针对实际情况与不同的地理条件与生产条件来决定。当计算机控制系统检测到温度过低，不利于蔬菜植物生长时，就会发出执行指令而启动上述的各种加温设备或系统。

三、降温设施

温度过高与过低对蔬菜植物的生长都是一种不良的刺激，所以特别是在夏日，更要侧重于降温管理，降温的设施一般有迷雾方式的高空微喷系统，通过空中水的汽化来实现降温。还有较为先进的湿帘降温，它是一种汽化水与通风排气相结合的快速高效降温法。如果在连栋大棚中，排风降温也是一种辅助的降温手段，但在生产上大多是三者结合来实现。在不同的前提下，实施不同的降温方法。如果湿度较高而且会影响到植物生长时，或者对湿度较为敏感的蔬菜植物，一般以湿帘降温与通风降温为主，这些可以在专家系统的设定中进行逻辑化的编程。当检测到温度较高时，计算机会针对选择的植物类型进行综合的判断，不会盲目地执行降温指令，比如栽培的西红柿正处成熟期，不宜采用迷雾方式降温，它会造成湿度增加影响糖度，同时又会使裂果率提高，此时的专家系统就会自动地进行综合判断分析，最终发出不会影响西红柿生长的执行指令，而开启排风扇与湿帘系统。反之，如果栽培空间空气湿度较低的情况下，它就会优选迷雾降温，指令开启喷雾系统。这些都是基于模糊逻辑的一种控制方式，是专家经验与数据参数的有机结合。

四、植物生长灯

光照是光合作用必不可少的，是植物生长的基础。如遇到阴雨天或日照短的冬季，蔬菜植物常会因光照不足而生长不良，在蔬菜工厂的周年生产中，必须配备补光系统。当前，专业性的补光技术发展较快，从原来用得最多的钠灯到现在的专用红光灯与蓝光灯，更有最为先进与节能的LED，甚至在日本的植物工厂中还运用激光补光。无论是哪种补光技术，都是为蔬菜植物的生长提供光合所需的最适光谱与照射强度。钠灯虽然在补光效率上不是很高，但它具有运用范围广、市场获取容易的优点。而专用的植物生长灯大多以荧光灯为主，它是通过红蓝比搭配所形成的补光系统，可以因栽培蔬菜的不同采用不同的红蓝比，通常用于蔬菜类栽培采用 3 ~ 5 ：1 的红蓝比例搭配较为科学。如果采用 LED 补光，还可以通过计算机的控制实现闪烁光的控制。据研究，植物的光合作用过程存在光反应与暗反应，暗反应过程中不需要光的刺激。所以，在补光开发时可以结合光反应周期进行闪烁式补光，大大减少补光的耗能，这种方式也叫脉冲补光，它的周期是 200 ~ 400 毫秒。现在还有用于植物工厂的较为前沿的补光系统就是光纤导入式补光，利用聚光器使太阳光聚集，经光纤导入暗室或植物工厂内进行蔬菜植物的栽培。补光除了给植物创造一定的光合条件提供光合能量外，在许多情况下，还是利用它的光周期效应，利用光照时间的刺激调控而调节生长发育以实现反季生产。补光技术是园艺设施栽培中不可或缺的人工技术，除了满足时间以外，还要考虑不同蔬菜植物所需的光照强度。通常蔬菜类的栽培以 3000 ~ 5000LUX 光强以上，果类栽培至少要达 10000LUX 以上。光强的实现除了每平方米的功率外，还与离蔬菜植物叶片的距离有关，距离越近散射的浪费越少，而且光子集中更利于光合作用。在植物工厂的补光中，一般选择冷光源如荧光灯与 LED 灯，这些放热少，不会灼伤蔬菜的叶片。补光是重要的人工光源，但在栽培场所布设反光板，也是对太阳散射光充分利用的一种辅助技术。在设施栽培中，甚至所采用的设施也可以包上反光膜或具反光效果的银白色作为基色，从而为蔬菜生产创造最适合的光环境。补光是蔬菜栽培及植物工厂生产模式中耗能量大的一个环节，采用智能化控制让补光环节科学化、节能化是非常重要的，精确计算蔬菜植物的需光强度与时间，或者按生长发育的阶段性所需进行适时补光是实现光能耗最省化的重要技术。通常以最适光强与时间的累积量作为该植物一天或一个周期的光环境指标，再按专家设定进行对照运算，再补充不足的光强与时间，这样相对来说可以大大提高补光效率，达到节能的目的。

五、遮阴系统

遮阴通常用于盛夏光照过强或温度过高时，它主要由遮阴网与滑动的电机与行程开关组成，遮阳网可因遮光程度的不同分为 50%、75%、80% ~ 90% 遮光网，可因不同的生产要求与栽培品种而灵活选择。整个遮光系统又由内遮阴与外遮阴组成，也可以在生产上灵活选择与运用。植物生长离不开光照，但如果光照过强，对许多植物来说是不利的。也就是，它没有因光照强度的增强而提高光合效率，反而降低，这就是因光过强所产生的光抑制、光饱和或光氧化问题，而对于自然无设施的植物可能就会出现日灼或光休眠等障碍产生，对蔬菜植物起到了负生长作用。在有设施保护的蔬菜工厂，就可以利用遮阳网进行不同程度的遮光，使光照达到适合的值。一般叶菜类蔬菜只需 3 万 ~ 5 万 LUX 即可，如过高则会出现光饱和。果类蔬菜一般以 6 万 ~ 8 万 LUX 以下为好，只有适合的光照再加上综合因子的优化，才能让蔬菜植物处于最佳的生理生化与生长条件中，让它的生长发育得以最大化的发挥，这也是蔬菜工厂生产中的关键技术。采用了计算机控制技术，可以在光照传感器的控制下，实现光强的自动调控，如光照过强超过所栽蔬菜的饱和点或最适点域值，就会综合判断而启动相关的内外遮阳系统，启动电机能过滑杆关上遮阳网，待光照低于设定值时。再重新开启，从而实现光强度的最优化与最佳化。

六、湿度的调控

适合的湿度既有利于气孔的开合，也有利于光合效率的提高。但如湿度过高，又会成为滋生病害的根源。所以，保持适合的湿度对于蔬菜工厂化生产也是尤为重要的。当然，生产上的运用除了与品种特性有关外，更重要的还与阶段性的发育阶段有关，人们可以按照不同的阶段进行相对应的调节与设控，也可以利用计算机控制技术实现空气湿度的相对准确的控制与检测。一般叶菜类的苗期湿度宜高，果类的成熟期要求稍低，具体操作可以进行人工设定域值或专家系统的输入。那么，湿度的调控有哪些设施与设备呢？在生产上运用较多的就是高空迷雾增湿，这种方式简单而实用，但最近也有一种较为先进的方式产生，就是超声波增湿，也被用于大棚的加湿，它的雾化细而且节水效果好，又不会在植物表面形成积水，是一种较好的增湿方法。但是，如果在环境条件湿度过高不利生长的情况下，又是如何降湿呢？一种是开启天窗与排风扇来加强通风，另一种如果外界也存在很高湿度，如何进行降湿呢？用于现代蔬菜工厂的有除湿机，它除了除湿外，还可以把收集的水循环地进行利用。当然，也还有其他方法，如利用电场除湿，它可以让空中水汽消除，更关键的是它还具有促进光合作用与促生作用之效果，现已在蔬菜工厂中被运用。无论哪种湿度调节方法，都可以与计算机连接实现湿度相对准确的管理，如空气湿度传感器采集的湿度参数低于设定值时，就会自动发出迷雾或加湿的指令。当湿度过高不利干爽型植物蔬菜生产时，又可以进行降湿与开启电场系统，这样就构成了湿度自动调节的控制体系。

七、二氧化碳的控制

二氧化碳是蔬菜植物的重要食粮，又是植物重要的碳源，还是构成有机物的重要组成元素，只有碳的参与才能完成光合作用的整个光化学反应过程，在光照作用下在叶绿体细胞内把从空气中获取的二氧化碳合成碳水化合物，从而为植物的生长提供重要的能量来源与生物量形成之基础。在传统的自然栽培模式下，二氧化碳因大自然的通透性而难以进行控制提高，常会因二氧化碳的缺乏而影响生长，而在温室情况下如果因通透性不好，会使温室内的二氧化碳指标大大低于常规的大气浓度，从而引起蔬菜植物的生长不良，叶片黄化，生长减慢，在冬季表现较为突出，一方面光照不足，另一方面温室为保温而密封，导致通透气性不佳，使蔬菜植物叶环境的二氧化碳浓度低至 100～150ppm 以下，这样低的浓度对生产造成极度不良的影响。但温室的优势就是可以进行人工向栽培空间施放二氧化碳，且不会像自然界一样容易逸失，具有很强的施用效果。在蔬菜生长生产的过程中，山东寿光等产区的菜农已把施用二氧化碳气肥作为一项重要的技术措施来使用。据研究试验表明，大多数的植物叶片，在二氧化碳浓度 1500～2000ppm 以下的范围，随着浓度的高光合效率会成正比提高甚至是成倍地提高，这对于提高产量与质量来说意义非凡。目前，二氧化碳在蔬菜大棚的增施运用也渐渐成为人们生产蔬菜的一项重要辅助技术。

那么，在蔬菜工厂或温室大棚蔬菜生产管理过程中，如何实现二氧化碳气肥的科学运用与供应呢？现以蔬菜工厂中常用的几种补充技术进行介绍。首先，二氧化碳的产生有多种途径与方法，可以是最原始的有机堆肥发酵法，既可以在冬日产生热量，又可以为温室蔬菜工厂提供二氧化碳气肥，有一举两得的效果。化学生成法，就是利用稀硫酸与碳铵混合反应生成的方法，目前有专用的反应装置叫二氧化碳发生器，可购买配置，但应用时稍微烦琐些。二氧化碳钢瓶直接供应法，它只需配置钢瓶再接减压阀装置就可以直接输出，是一种最为简单的方法。燃烧生气法，就是设计一种能较为完全地燃烧天然气（煤气或沼气）的方法，这种方法可以结合加温使用。方法可以说很多，但蔬菜工厂如果要实现精确的可控化，最好还是以钢瓶输出法较好，容易控制，只需调控阀门的开与关就可以。二氧化碳对生长或育苗来说都是极为重要的，如何根据蔬菜的需求或生产技术不同而采用不同浓度与时间的控制，对于工厂化精准化的生产来说也是极为重要的。特别是苗期或工厂化无性育苗过程中，二氧化碳浓度将直接影响到壮苗与生根成苗情况。所以，许多栽培模式实施气肥的精准化供应是很重要的一项技术。光自养微繁中二氧化碳的强制供给是最为关键与主要的技术，蔬菜生产中，特别是弱光环境下，二氧化碳相对可以弥补光不足对蔬菜生长的影响，更是提高蔬菜产量与质量的重要方式。二氧化碳是一种比空气相对较重的气体，有下沉趋势，同时又因是气体具有飘移性，如何更为有效地利用，也是补气肥技术的关键，可以在工厂内设施大棚的上方布管，让二氧化碳下沉到达叶环境周围。但如果在相对开放的环境下，如夏日，温室常保持通风情况下，要进行准确科学补充，最好结合气液混合技术，这样可以达到高效且作用位点精确的优点，钢瓶减压输出的二氧化碳在气液混合泵的作用下，强制混溶入水中形成碳酸水再经喷雾系统将碳酸水喷洒到叶片表面，达到最佳的作用与效果，同时也减少开放或大空间补二氧化碳所造成的浪费与损耗。整个生产过程中，结合了二氧化碳传感器，能实时在线地对生产现场环境进行检测，再通过专家系统或人为设定参数值，进行自动的调节，让二氧化碳达到最佳值。

八、氧气的控制

氧气的控制在常规栽培中运用较少，但在现代农业的无土栽培中，特别是水培来说，氧气成为重要的检测指标与控制对象。碳是化合过程所必需，而氧气则是生物氧化分解必不可少的一种气体。植物光合作用把二氧化碳及水合成有机物，而氧气的参与则是通过呼吸作用把这些有机能量物质分解为水与二氧化碳并放出能量，供生长发育及营养吸收的耗能所需，这就是形成了合成与分解的两大重要生理过程，前者二氧化碳必不可少，后者氧气不可或缺。氧气充足，蔬菜植物则处于有氧呼吸生理状态，能放出与转化出最大的生物能量ATP，如果氧气不足则会厌氧呼吸形成大量中间代谢产物而影响生长，如果组织细胞内氧气代谢不足，就会形成大量的乳酸及氧自由基，影响能量转化与吸收代谢等生理过程，氧气充足，呼吸完全，能量转化充足，植物活力就强，生长也更快，吸收肥料的效率更高。在传统农业生产中的中耕操作，从某种角度来说就是增氧的过程。这种利用氧气改善耕作环境来提高产量与质量的方法也叫作氧气农法，氧气农法在生产上的具体运用较多。如在土耕养液栽培的过程中，往灌溉肥水的管道系统中强制性地利用气液混合技术溶入高浓度的氧气方法，可以大大使蔬菜植物的根域氧环境得以提高，同样起到类似于传统种植物中耕增氧效果，有了充足的氧气供给，使有氧旺盛，激发根系更大的吸收矿质离子与水分能力，从而使作物生长加快，活力增强，是当前灌溉技术首次融合了氧气灌溉的新技术。那么，水培中氧气的控制则是技术重中之重。可以这么说，营养液栽培已经渐渐普及与被生产者认识与运用。设计水培系统时，是多样化的栽培模式，它们有不同的构造与循环系统，但最根本的一点就是让根域环境要有更多的氧气，无论是曝根的空气氧，还是溶于水中的溶解氧。在水培中，特别是深液流水培中，氧气的检测与控制是一项重要的技术。还有在苗菜的生产过程中，种子的发芽及发芽后的快速伸长生长阶段，如果缺乏氧气就会使苗菜的生长细弱或烂种，所以在喷淋的水中如果结合溶入富氧的技术，可以使苗菜生长更整齐，出芽率更高烂种减少，有利于产量与质量的提高。在工厂化的无性育苗中，如果使雾化水中的氧气提高或基质含氧量增加则可以大大加快生根的速度与根系形成的数量，也可以结合气液混合技术，让水达到超溶氧值，让富氧水供应给正在发育的种子或生根的离体材料。所以，氧气充足是活化生理过程强化代谢所必不可少的技术措施，除了上述的氧气溶入技术外，还可以结合化学增氧法，如鱼菜共生系统中的养殖池可以往水中加入过氧化钙或过碳酸钠，慢慢释放氧气，还可以向气雾栽培的营养液中加入过氧化氢也就是双氧水，既起杀菌作用，又有增氧效果。但在计算机控制的设施栽培条件下，最为科学与有效的方法就是以电驱动为主的气液混合泵增氧技术，它可以让水中的溶氧达超饱和值，也可以使高温或气压低的情况下得以正常的氧气溶入，更关键的是可以连接计算机进行自动控制。用于检测水中溶氧的传感器，叫溶氧传感器，通过它的信号采集再结合控制专家系统方案，形成了自动调控的科学供氧系统，在鱼菜共生的工厂中无论是水培的溶氧控制还是营养液池富氧水的保持，都可以运用传感器与气液混合泵的有机结合来完成。

第六节　蔬菜智能化生产的未来

蔬菜是人类生存生活必不可少的，其食用安全问题也是人们最为关切的，它直接影响人的健康。所以，菜篮子工程成为政府的重要工程，如何为消费者提供健康环保营养的瓜果蔬菜，成为一个地方经济发展及生活水平的主要标志之一。传统的自然土壤栽培模式成为农药化肥过度投入的主要根源，如何实现可控化栽培或免农药生产，成为当前蔬菜栽培领域所关注的课题。通过世界上诸多国家对设施栽培近百年的实践及模式的探索，证明创造人工保护设施环境进行农业生产，是获取安全蔬菜瓜果的一条主要技术路径，实现工厂化栽培是实施高效生产的重要模式。

蔬菜从类型来分，有以下几种：以豆芽为代表的芽菜类、以椿苗或萝卜苗为代表的苗菜类、以青菜为代表的叶菜类、以番茄为代表的瓜果类。本书取其义而总称为芽苗菜。实现芽苗菜的工厂化生产构建未来蔬菜生产的主要模式，已成为安全菜篮子工程建设的主要方向与重点，这是国外发展经验与我国近年发展探索所得的结论。如何让蔬菜生产实现设施环境下的工厂化栽培，是一门综合的技术学科，它涉及生物、栽培、工学、化学、育种、基因等，比传统农业的学科包容性要大大扩展，必须对每方面都要有所了解，方可以实现工业化生产。尽管设施设备等生产工具的改进与传统农业相比革新很大，但它的生产方式极为简单，这就是在工厂化基础上结合了智能化技术的成果，它会让生产过程变得洁简化、流程化。

豆芽的生产，农家或一般的生产专业户基本还是采用沙生豆芽或无根素生产法。这些方法不是效率低，就是对人体有害，不能成为未来豆芽生产的主流模式。同时，因管理人工投入较大而影响产业化发展。针对这些问题，探索一种工厂化生产模式就成为豆芽生产技术发展之趋势。豆芽的生产现在我国已开始渐渐采用专业豆芽机生产的方式，使豆芽的生产渐趋规模化与工厂化，不仅产出量大，管理简化，而且质量与口味都比人工生产更具优势。

第四章　新型的蔬菜生产模式

第一节　芽苗菜的智能化生产

一、芽苗菜的智能化生产模式

芽苗菜的生产在我国已有多年的栽培历史，但大多是采用人工管理与家庭作坊模式，管理烦琐、劳动密集，难以实现规模化、工厂化生产。更因设施简陋与气候多变，难以做到周年生产与无公害操作，在生产中常因化肥农药的使用而造成产品的药物残留与环境的污染。智能化生产采用计算机环控技术代替人为的环境管理，运用物理杀菌技术、空间隔离、免基质栽培技术，实现完全无公害、无残留的生产转变，并通过计算机专家系统地应用，实现操作过程的简易化、傻瓜化与流程化，为周年生产、全年上市提供了强有力的技术保障，从而为这种新兴的蔬菜产业开辟了一条提升发展的新路径、新模式。

芽苗菜是利用植物的种子或者枝芽，经人工适宜的环境创造，让其萌发生产出嫩芽、幼苗或嫩梢，并被人们作为食物的一种蔬菜，它具有生育期短、生长快速、品质脆嫩、营养丰富的特点。大多数芽苗菜皆具食疗两用之功效，如红豆苗可治脚气，荞麦、苜蓿苗具有抗癌之功效，萝卜苗含有丰富的 VC，豆苗类含有丰富的可被人体吸收利用的蛋白质、氨基酸；小麦苗含有丰富的麦绿素，榨成汁加糖就是很好的功能性饮料，可治各种肠胃疾病。芽苗菜是一种功能保健型的蔬菜，以其营养丰富、口味独特、食疗皆具的优点而成为百姓餐桌之佳肴、宾馆之美食。对于种植芽苗菜的生产者来说，也带来了广阔的市场空间及较高的经济效益，是一项当前蔬菜产业中投入省、回报快的短平快致富项目。而且栽培芽苗菜不受气候季节之影响，一年四季利用田间的塑料大棚、居住的楼房、废弃厂房等，经改造后均可作为芽苗菜的生产场所。但传统芽苗菜的生产工艺较为烦琐、劳动力投入较大，是项劳动密集型的产业，主要是体现在栽培过程的管理环节，如浸种、播种、叠盘催芽、喷雾淋水、上下调盘、烂种清理等工作。而且在全人工操作管理条件下，对于环境因子的控制难以做到科学化、精确化，如芽苗菜对温度、湿度、光照、水分等因子的需求，只能凭经验进行人为管理，难以做到标准化，致使芽苗菜生产方式还是处于家庭作坊的模式，难以做到规模化、产业化、自动化、标准化。

二、传统与新型模式的比较分析

芽苗菜是运用种子发芽及成苗的原理，采用人工环境控制技术，让其快速均匀地成苗。对于环境的控制分为人工控制与计算机自动控制，当前用于生产的大多属于人工控制。根据各种不同芽苗菜，为其创造不同的温度、湿度、光照、水分等环境，让种子快速整齐地萌芽伸展而成苗。因控制方法及流程的不同分为以下两种生产模式：人工管理与智能化管理，以下就这两种生产模式的相关流程与技术要求进行分析与比较。

（一）生产运用较为普及的模式——层架式人工管理模式

现就传统生产模式的流程与技术进行研究分析，为智能系统的开发提供经验参数。

1. 浸种

这个操作对于任何芽苗菜的种子都是一样的，只有让种子充分吸水，才能让其快速恢复萌芽的能力与生长的活力。对于浸种通常都是采用少许温水浸泡后，再用自来水以种子3～5倍的水量浸泡，待充分吸水发胀后即可进行播种，这个看似简单的操作，要做好还有一定的技术要求，浸泡时间不宜过长也不宜过短，过长会因种子的无氧呼吸而造成种子发臭腐烂，过短吸水不充分，许多水解酶未能激活，影响萌芽的整齐度。通常以吸水量指标为标准，不同的品种最适吸水量不同，含蛋白高的如豆类吸水量大，含脂肪类的如葵花子、花生吸水量小些，含淀粉为主的种子吸水量一般。只有达到适宜的吸水量指标，才具最佳的萌动发芽能力，不同的芽苗菜种类最佳吸水量指标不同，所以操作时有不同的浸种时间。

2. 催芽

催芽是实现芽苗栽培生长的第一个环节，它对于芽苗生长整齐度、产量及质量影响较大，是种子的胚胎在适合的温度、湿度、氧气条件下，让胚根、胚芽突破种皮开始茎、芽、叶、根的分化伸长与生长。在这个阶段，上述三个外界因子起到很重要的作用，如温度范围以20～25℃为佳，湿度见干见湿为宜，但要做到湿不积水、干不见白为度，氧气条件也至关重要，它是胚胎通过呼吸作用获取代谢能量及分解合成产物的主要代谢路径，如缺氧会使胚胎处于无氧呼吸状态，能量转换率较低，表现为返糖现象，会影响种子发育活力与栽培后的粗壮度，胚乳或子叶内的贮藏营养会因厌氧呼吸底物分解代谢不彻底，形成大量的乳酸、乙醇而出现烂种发臭的缺氧中毒现象，即使长出了苗也大多为纤弱苗。传统生产中，常用叠盘催芽法，时常会因垒盘过高或浇水不均而造成上述三个因子的不均衡，出现发芽不整齐、发芽率低、烂种、弱苗过多的现象。

3. 上架

上架就是把发好芽的托盘，摆放在栽培架上进行水分、温度及光照的管理，这个环节在传统栽培中是最费劳动力的一个环节，也是最需技术与经验的一个环节，包括上下层架间的上下调盘操作、阶段性的人工喷水工作，以及遮光黄化或见光绿化管理。这些管理较为重要，如管理不善将出现大量的烂种或者影响品质的老化、纤维化发生，或者产量低下、生物转换率低。所以，需栽培者有相当丰富的经验与知识。

4. 收获

适时收获也是芽苗菜栽培中较为重要的环节，采收过早影响产量，采收过晚影响质量，通常不同种类的芽苗菜或者不同的栽培方法，都有不同的采收标准，但都是以生物量最高品质最佳时采收效益会更高。在传统人工管理条件下，只能凭感官判断采收期，也需经验操作。而且传统栽培进行芽苗收获时，常因托盘内存在栽培基质（如沙或珍珠岩）而影响收获效率，会因夹带基质与杂物而增加检苗与清洁的工作量。

5. 消毒

栽培完一茬苗菜后，需对托盘及基质进行清洗杀菌与消毒工作，传统生产中常采用百菌清、多菌灵、高锰酸钾或者漂白粉之类的化学杀菌方法。对于基质也有用太阳能热杀菌的方法，就是在高温的夏季，于基质堆上闷扣塑料薄膜进行太阳能升温杀菌。除了上述的消毒外，如果栽培场所因烂种病苗及通气不良产生臭味与滋生蚊蝇，还需进行杀虫处理，生产者也常用杀虫剂进行火虫，造成环境的农药污染与产品化学残留。

（二）较为新型与先进的模式——工厂化智能管理生产模式

82

工厂化智能管理生产模式就是采用工厂化的方式与智能化的环境控制技术结合，取代了传统各种人工操作与经验判断，运用计算机自动控制取代了各种烦琐与高强度的劳动，特别在温度、湿度、光照、通风的控制上，采用计算机技术使环境参数精确化，芽苗发育的生育期变得可控制化，能如期上市、按时供货。与传统操作相比，除了效率提高、成本降低外，芽苗菜的外观与品质都有更大的改观，是传统生产方式所不能比拟的，更重要的是在封闭式的环境下能实现无公害绿色生产。

1. 采用封闭全天候的生产模式

这种全天候生产模式的一切温光气热调控完全是采用人工智能控制技术，不依赖外界的气候因子。具有环境可调性强、不受自然影响的特点，可以利用隔热较好的泡沫板隔建造成栽培房，也可于普通的房屋内墙上内衬隔热板来实现，主要是为了达到最佳的隔热效果，让室内环境更稳定，受外界影响更小。既有利于温度的稳定，也有利于加温或降温时热传导消耗的减少，环控效率更高。虽然与自然环境相比之下，冬季加温的能源消耗稍大些，但这种全天候方式具有更高的生产效率，无论严冬还是盛夏皆可生产，而且芽苗在环境因子稳定的条件下生长，产期易控，更利于市场计划调节。这种模式虽说能耗稍大但通过增加栽培架的层次与提高生产效率，总体的生产成本还是大大降低了。

2. 生产流程极大简化

对于传统操作中必需的一些操作环节，在智能环境下可以省略，一些小种子的品种（如空心菜、萝卜、油菜等）可以直接播于托盘上进行层架栽培，无须进行浸种处理，也无须进行催芽。因为栽培室内的温度、湿度恰是催芽所需的最佳环境，无须像常规操作一样叠盘与淋温水。另外，对于保持基质湿度用的河沙及珍珠岩也可减免，这些基质在常规栽培条件下，主要起到环境因子的缓冲作用，为了使种子处于一个相对稳定的基质湿度与温度环境中，而在智能控制条件下，可完全省去基质，让种子直接暴露于空气中，也能确保稳定环境的智能调控。这种免基质的栽培可以节省大量的操作用工与环节，播种更为快捷方便，消毒更为简单高效，每茬收后只需对托盘进行清洗消毒即可，无须如传统栽培一样进行烦琐的基质消毒，同时病虫滋生匿藏的场所与概率也减小，更利于实施无公害栽培。通过智能化控制后，芽苗菜的生产简化为三步：浸种、播种、收获。诸如传统的催芽、调盘、淋水等都得以简化。

3. 智能化代替人工管理

人工管理既存在经验与技术的局限性，也存在劳动力的高强度高投入，采用智能化控制后，湿度控制可通过自动微喷系统来实现，加温采用自动空气加热线加温，也可采用锅炉的蒸气加温，这些都可与计算机控制系统连接实现精确化控制。当温度过高时，会在计算机的指令下进行最节能的微喷降温或湿帘通风降温。光照的控制也是一样，运用智能补光技术，隔离了外界自然光源，实现补光的完全人工化自动化，可以在稳定可控的光照强度与时间下进行不同程度的绿化、半绿化或黄化栽培。另外，还有自动的通风系统以调节室内空气的流通，使空间保持清新与富氧多二氧化碳环境，不会产生异味与发育时的缺氧烂苗。运用这些控制手段，使芽苗栽培过程中的环境问题经计算机控制后轻松而精确地实现，既不需人工喷淋也不需人工加温与通风等烦琐经验性操作，这样生产出来的产品一致性好、外观性商品性更强。

4. 生产环节流程化

运用智能化控制手段后，使芽苗菜的生产真正实现工厂化、流程化、规模化与产业化。对常规作坊式的生产来说，因操作环节多而烦琐，属于劳动密集型产业，要实现规模化、工厂化有一定难度，主要问题是生产过程难以实现标准化、规程化。而采用智能化自动管理，把芽苗菜培育相关的最重要环境因子得以模式化与标准化后，一切的操作就变得规范而简单，因传统生产中投入管理用工最大的部分、就是环境参数的人工调控，而运用智能控制计算机再结合专家系统，这一切都变得专业而统一，这就为工厂化大规模生产创造了硬件与软件基础。

（三）如何实现环境管理的智能控制

采用智能化控制技术后，使芽苗菜的生产真正可以实现智能化、自动化、工厂化与标准化，但这些都得基于环控技术基础上才能实现，所谓环控技术就是芽苗生长过程相关的温光气热水环境，能够赖于计算机控制技术得以精确化地模拟与控制，可以按照不同种类芽苗菜生长模式的不同需要，进行科学精确的控制，为其创造出最佳的生长环境。现就芽

苗菜栽培中环控要求及技术实现进行简要阐述。

1. 温度控制

温度是一切种子萌芽与生长的最基本条件，不管种子或者植株，其一切的生理代谢都得在一定的温度条件下才能进行，如果温度过低，种子萌发生长相关的各种酶，如淀粉酶、蛋白质水解酶等活性低，不能为种子胚的发育分化提供更多的呼吸底物，能量的代谢受到抑制，种子胚胎的发育就变得缓慢，或者停滞生长。只有在温度适合的情况下，才能使种子的一切生长代谢激活，开始快速地萌芽与生长。而如果温度过高，也会因呼吸作用过强，消耗大量的营养，造成胚发育过快而纤细，并且纤维化加快，难以培育出品质优良的苗菜。对大多数芽苗菜种子来说，胚发育所需的温度范围以 15 ～ 28℃之间为佳，有些低温型的种子（如香椿、豌豆、荞麦、苜蓿等）可适当偏低些，高温型的种子（如空心菜、大豆、红豆、黑豆、萝卜等）可适当高些，这与该品种的原产地有关。源于北方地区的品种相对来说低些，源于南方地区的品种相对来说高些，但具体温度范围可因生产需要及具体品种而定。在生产中为了实现这些不同品种不同适温的环境模拟，可以通过专家系统及分区控制来实现，可以把各种不同芽苗菜对不同适温的需求参数预先写成程序输入计算机，使用时只需选择相关品种，就会自动调出这些已预先设定的数据进行控制与模拟，这就是专家系统的应用。而当不同品种同时生产时，可以通过区隔不同的栽培房，安装不同的分控器来实现每个区相对独立的温度控制。栽培室内温度控制主要采用空气加热线加温与微喷通风降温法实现，在基地建设时，可于每层栽培架的上方安装迷雾管道与喷头，起到加湿与降温的双重效果。当温度超过适温上限值时，计算机会发出降温指令，自动开启电磁阀进行微喷降温，还可结合通风扇进行双重降温，这些温度信号的采集都是赖于集成传感器智能叶片来实现的。所谓智能叶片就是把芽苗菜相关的生长发育参数如温度、湿度、水分、光照等传感器集成于一个外形类似植物叶片的感应材料上，实现温光气热等参数的集成感应与数据采集。它是实现智能控制的核心部件，以下各项参数都通过这个智能叶片进行数据的采集。当智能叶片感知到环境温度低于适温下限值时，计算机会自动指令加温线的开启，进行环境加温，达到设定参数时，则自动关闭。

2. 空气湿度控制

湿度的控制也与温度控制实现的方式相似，不同的发育阶段及不同的品种都有不同湿度的要求，这些不同的要求与最佳参数可以通过研究试验获取，然后再把获取的资料作为该品种的生长模式，把它输入计算机控制程序，从而形成该品种的湿度专家参数。使用时，无须再进行设定，选好生产品种，就可按这湿度进行智能控制。空气湿度调控的实现也是通过管道微喷来进行的，当智能叶片检测到空气湿度低于下限时，会自动开启微喷电磁阀进行迷雾增湿，当空气湿度达到指标时就立即关闭，实现湿度的科学管理。通常一些大种子类型的芽菜，代谢与发育消耗的水量大，对空气湿度及水分的要求也相对高些。而对于小种子类的如空心菜、芝麻、葵花子、荞麦、苜蓿、油菜、香椿、萝卜等，可以适当降低湿度与减少水分，通常前期控制在 80% ~ 90%，后期控制在 70% ~ 80%，水量过多会造成烂种增加的现象，或者病害滋生。这些不同湿度间的差异与不同时期的差异，在计算机控制的环境下，可以通过智能叶片的精确检测及专家系统的科学控制来实现。

3. 水分的控制

芽苗菜的技术其实从某种角度来说就是种子在水的作用下进行水分代谢与合成的技术，水是其最主要的成分，占到整个鲜种的90%以上，这些增加的重量全是由水补给。另外，还有大量没有被吸收的迷雾喷淋水，这样就需要在培育过程中不断地给予补水，但在补水时以什么程度为准、多少量为宜，这除了上面的空气湿度指标外，还有一个重要的指标就是芽体表面水分分布的指标。在芽体表面水分分布的多少以水膜的厚薄来衡量，在种子芽体萌发的初期要求大量的水分，甚至要达到淋水的效果。因此时除了供给水分外，更重要的一点是需把种子表面的一些代谢排泄物冲淋或稀释走，起到淋除呼吸代谢产物的作用。因在萌动生长初期是呼吸最旺盛的时期，常在芽体表面形成黏状物或胶状物，这些产物有一些是厌氧呼吸造成的，也有些是种子生物膜渗透性破坏引起内含物的外泄，还有些是菌类滋生形成的，这些物质可以通过大水喷淋来解除。如果在基质栽培中，可以被基质吸附，而在无基质栽培条件下，只有通过喷淋来实现，这些中间代谢产物如果积累腐化会形成异味或杂菌的滋生，从而造成病害发生或者种子中毒烂苗。所以，芽苗菜在无基质栽培中，大水喷淋也是芽体发育初期所需做到的。一些喷淋不均匀或淋不到水的部位常有烂种现象产生，就是这个道理。那么喷淋量的多少可以通过什么方式来达到精确控制呢？可以利用智能叶片的水膜传感器，水膜传感器是由高度密集的回形电路组成，可因叶片表面水膜分布的不同广度与厚度而显示不同的参数，我们可称之为水膜的厚薄传感器。对于大种子类的萌动初期保持水膜要厚、时间要长，对于小种子类的保持水膜稍薄、时间要短，这些可以通过智能叶片水膜检测与迷雾量的控制实现，当要求水膜厚保持时间长时，可以增强迷雾强度或时间来达到，需薄与保持时间短时，降低迷雾强度与时间即可。这些技术要求都可通过专家系统写入运行运算程序中，实现智能化、科学化的调控。

4. 光照的控制

光照是芽苗绿化所必需的外界环境条件与控制参数之一，也是芽苗菜与当前豆芽产品最大的区别所在，豆芽是白化或黄化不带叶绿素的芽体，无须光照即可生产，而苗菜是绿色芽体甚至是带真叶的幼苗。而绿色的形成其实也就是芽体内叶绿体细胞的形成与叶绿素的合成，这些都得在有光照的情况下才可以达到绿化效果。对于智能化栽培中，光照是全人工化的，没有任何外界太阳光的透入，这样更利于科学精确补光量与时间的控制，也就是全天候的环境下生产，这种模式对于实现标准绿化较易做到。芽苗菜按照绿化程度的不同可分为黄化型、半绿化型、全绿化型三种，其中，黄化型是在无光照或微光下培育的苗菜，而半绿化型是绿化程度达到淡绿色的苗菜，而全绿化型是达到子叶、真叶全绿或浓绿程度的苗菜，至于生产什么类型的苗菜，由市场需求或质量要求而定，各种类型苗菜其营养及品质外观都有所不同，全绿化型苗菜的叶绿素及 VC 含量高些，淡绿或黄化的可溶性蛋白或氨基酸类相对高些，另外，有些类型纤维素含量也是与绿化程度成正比的，绿化程度高则纤维素含量相应也高些，但也不绝对，因为纤维素合成所需的碳水化合物可由部分光合产物供给。那么，在芽苗菜栽培室中是如何实现光照的科学控制呢？在栽培室建造时，可于栽培室顶棚、层架或侧壁上均匀地布设补光灯，达到整个空间光照均匀的效果，同时还需考虑补光质量，也就是不同光质的搭配，对苗菜生长来说，光合作用所需的光照分为红光与蓝光两种，这两种光质对叶绿素促进各有偏向。其中，红光偏向于形成更多的叶绿素 a，蓝光促进形成更多的叶绿素 b，生产上以红蓝比 r/b 为 5∶1 或 3∶1 为好，蓝光使苗菜更脆嫩，红光使苗菜产量更高、色更浓绿，两者科学结合为最好的光质搭配模式。而对于光照量的控制可以通过时间来实现也可通过强度来控制，一般苗菜栽培房以光强 1000～5000LUX 为宜，其中小种子类的绿化程度要高些，控制时光强可大些或补光时间长些，大种子类的光强可弱些或补光时间短些。其补光量的控制与测算以强度与时间的乘积为控制量，而且不同品种与不同阶段控制量都有所不同，遵循前期少、后期多、小种子多、大种子少的原则，这与芽苗菜生物产量的形成有关，大种子有更多的可转化的贮藏营养，而小种子类可转化营养少，需赖于更多的光合产物来提高生物量形成。这些光量控制通过试验研究来确定，然后形成生长模式与专家系统，再通过光照传感器记录强度、时间芯片记录时间，两者结合达到补光量的精确测定与调控。当某品种的光量不足时，计算机会自动打开补光系统进行人工补光，达到设定控制量时就立即关闭，实现光照的精确科学控制，采用这种计算机技术控制光照量的生产方式，能够生产出色泽一致的标准化商品苗菜，可以按人的意志生产出各种类型的产品，其控制的精确性与均衡性是传统栽培所不可比拟的。

（四）物理杀菌的机理与运用

在芽苗菜栽培过程中常由于环境的高湿度、空间的高度密封，为病菌的滋生创造了温床环境，虽然封闭环境对于外界侵入有隔离作用，然而一旦侵入比开放环境滋生蔓延更快，常会造成大量烂种与病苗，严重影响产量与质量，那么如何控制入侵的病原基数与入侵后空间及苗体的杀菌消毒呢？传统常规的方法以多菌灵、托布津、高锰酸钾等化学杀菌剂的使用来实现菌的控制，而苗菜栽培期又短，会有大量化学成分残留。随着物理农业技术的发展，现在已形成电场与电功能水复合杀菌的技术体系，可以利用高压直流电场处理种子来杀死附于种子表面的真菌、细菌，减少外源带入的病原基数。还可以利用电功能水中酸水的强氧化性杀死栽培空间与器具或苗体上所有的病原菌，而且这两种方法都是物理的无公害手段，不会对环境有任何的残留与污染。其杀菌与生理促进机理如下：空间高压直流电场的创造，可用于浸种前的种子杀菌处理，对于浸种前种子处理可以提高萌芽率，可以促进陈种子脂膜的修复，降低内含物的外渗率，有利于种子的萌发与发育，同时可激活各种水解酶，有利于贮藏物质的水解转化，为萌芽生长提供更多能量。除了这些生理作用外，更为重要的是，种子的浸种或播种前进行 3 万 ~ 10 万伏高压直流电场处理，可以杀死附于种子表面的细菌、真菌，其杀菌作用是由高强度电场造成细胞膜或生物脂膜的电穿孔，从而达到杀菌的效果。还有其他复合因素作用而形成的综合杀菌效应，如水在电场作用下电离成具有强氧化还原性的超氧阴离子、过氧化氢物及 OH 自由基等物质，还有带电荷的颗粒与臭氧，当它接触到细菌或真菌的细胞表面时，可以产生氧化反应而使细胞膜脂膜的渗透性破坏，从而达到杀菌抑菌之目的。这些杀菌处理过程纯属物理措施，没有任何化学污染与残留，是无公害生产中实施种子处理最有效、最环保的方法。

在生产过程中可以利用电功能酸水进行栽培房走道、托盘、墙壁、空间、栽培架、工具、种子等杀菌与消毒，还可阶段性地给芽苗菜的芽体喷洒具有强杀菌性能的酸水，以预防各种病害的发生。但在使用酸水喷淋苗体后，最好在半小时后间隔性地喷一次碱水，可以起到中和的作用，防止有些对酸水极度敏感的芽苗菜发生药害。采用这些方法进行杀菌消毒，不仅杀菌成本低、杀菌操作无残留、杀菌过程快速、适用病原广泛，基本上适用于所有的细菌及真菌甚至病毒，而且不会产生任何抗药性，是最安全、低成本的无公害纯绿色配套生产技术措施。现已把它作为芽苗菜智能化、工厂化生产上的一项重要技术措施来使用。如播种或浸种子的电场处理，有利于提高萌芽率与产量，还可起到较好的杀菌、抑菌作用；再结合电功能水酸水的阶段性迷雾喷洒，可有效地杀灭栽培空间内所有的菌与病原，真正实现封闭环境条件下的无公害、无化学生产，为培育出真正无公害绿色芽苗菜提供了技术保障。

三、芽苗菜基地的建设及生产流程

芽苗菜是一项短平快的致富项目，是农村与城市居民都可以投资的实用新技术。

（一）基地的选择

芽苗菜是一种加工型蔬菜，利用种子发芽成苗的速成蔬菜，它的培育周期短，天天播种就天天有收获，所以在选择基地建设时，要利于交通与运输，大型的基地最好建在交通干道旁边，利于流通。另外，芽苗菜又是一种水菜，基本是在没有任何营养与激素的水雾环境下生长成形的，所以对水质的要求就显得尤为重要，要把基地建在水源丰富且水质良好、符合饮用水标准的地方，如果自然水质不能确保，还需于基地安装反渗透的水处理装置，以保证供水的洁净性，它是生产有机无公害的关键环节。采用干净的水生产出来的苗菜可以直接作为净菜包装，非常方便，大大节省了洗菜的时间。这也是气雾栽培苗菜的优势，传统的沙生或珍珠岩培常常因夹带基质颗粒而增加采收与清洗包装

的工作量。除水与路条件得以保障之外，还有一个因素就是供电要有保障，因为工厂化、智能化的生产，在管理上，无论是迷雾还是补光与通风，都得采用电气装备，没有电力保障对生产影响较大，甚至影响栽培的成功。所以这种工厂化的生产模式在电力要求上特别高，要求电压稳定而少停电的区块，特别是夏日高温季节与冬日寒冷天气，电常常是加温或降温所必不可少的动力源。

（二）厂房建设

水路电是基础，同时以地势平坦，周边易排水且通风性良好的地方皆可建立生产基地，最好不要靠近有空气污染的地方，以稍偏处为好，离工业区 1 ~ 2 公里，最好在周边种植上速生的绿化树种，作为空气净化带，同时也可以美化工厂环境，又起到挡风作用。基地的选址确定后，就可以施工进行基础设施的建设。一般都是以外围大棚，内套泡沫房的方式建设智能化的生产工厂，当然如有废弃的厂房与住宅也可以改造，在夏季甚至简易的避雨棚也可以生产，但是工厂化的要求最好是封闭式的，更便于环境调控及进行洁净生产。

（三）栽培架的设计

栽培架是实现立体式栽培与工厂化管理必不可少的，有了它可以使空间利用率大大提高，也便于集约化管理，是蔬菜工厂的最主要特征。立体化的生产方式不仅只是空间利用，更重要的是能源节约，对于未来能源危机的时代，充分利用空间、减少能耗是非常有意义的。在生产上，目前用得较多的栽培架材料有镀锌钢管与角钢制作，也有用超市货架，架的层间距离一般以 30 ~ 40cm 为好，这样不仅可以最大化利用空间，便于补光与微喷迷雾，也方便操作。但也可以层数更多、层距更小些，具体可因品种而灵活设计。栽培架的宽度一般以托盘长度 60cm 为准，让托盘刚好搁置摆放其上就可，高度一般以最高不超过 2.4m 为宜，便于操作与通风。栽培架制作时可以于架脚上安装滑轮，可以进行推动，便于采收时的运输与提高每个单元架设的密度，操作时可以推动栽培架让出空间，这样就可以只留一个管理走道，特别是在面积大时，这种模式可以大大提高利用率，栽培架摆放在大空间的厂房，可以一排排摆放，在较小的单元内可以靠墙成回形四周摆放，也可以因场地而灵活变动。

（四）系统的安装

芽苗菜是水菜类，它的生物量中绝大多数是水分，所以迷雾是确保苗菜快速与正常生长的首要，要求迷雾做到雾粒细而飘洒无死角，所以必须在每层上方安架管道，并安装雾化效果较好的喷头，以四头离心式喷头为好，也可以选择 360 度旋转型的。雾滴细是关键，越细的雾氧气越充足，对苗菜生长促进就越明显，烂种率也会降低。光对苗菜的绿化与生长促进同样重要，是植物干物质累积的关键，但苗菜是弱光型栽培的蔬菜，不需太强的光照，选用人工光是最好的工厂化方式，这是因为光源稳定，同时可以进行光时间及强度的调节。所以,光源的确定与安装也是苗菜工厂必不可少的。光源有荧光光源与半导体 LED 光源,这两种光源可以专业化地制作成适合蔬菜生长需要的特定光谱,在苗菜栽培上运用较为方便而科学,特别是 LED 虽然成本较高,但它省电效率高、不怕潮湿与水渍,它将成为苗菜栽培的主要光源。当前经济实用的是蓝色与红色光谱的 LED 灯,于每层进行安装,四周可以进行纵向安装,以提高整个栽培房的照度。安装功率或数量通常以栽培面积计算,以一个 40 瓦的灯管理 1～3 平方米的苗菜来计算数量与密度,在栽培车间的四壁涂上反光材料或反光膜,创造一个光照均匀而柔和的光环境。在温度高的季节,特别是高温盛夏,车间的温度常会超过 32℃,这对于苗菜的生长易造成徒长与老化,在设计时,每个单元需安装对流排风扇,可以起到车间内外、或车间与走道间的空气交流,起到降温与透气的作用。风扇以选择双向可调或者一进一出上下对流式安装,通风的作用除了降温外,还可以优化车间空气成分减少病源的作用,是苗菜生产必不可少的。在冬季寒冷季节生产,除了通风注入热空气的加温办法或吸入太阳能热源外,安装电加温部件也是需要的,一般可以于每个车间安装空气加热线,以实现电加温控制,可以于栽培架的底部以平行布线的方式安装,这样可以起到热空气上升对流的效果。栽培车间的补光灯、迷雾管道、通风排气、电加温等安装好后,执行环境控制的部件也基本齐全,就可以进行生产了。

(五)智能计算机的安装

智能计算机是实现自动化智能化工厂化的关键设备,一切生产过程的管理调控由它来完成,而且是按照计算机内预先设定的程序进行智能化的调节。使用时只需以菜单设定的方式进行界面设定,选择好苗菜的种类与类型即可,无须繁杂的参数设定。计算机系统安装按照使用说明与线路连接示意图,把传感器端口联上,以实现温、光、气、热等参数的实时监测,再连接好执行部件,包括与补光灯、加热器、通风扇、迷雾水泵或电磁阀、整个环境调温用的水空调等执行设备进行一一对应连接即可。计算机主机通常要放置于通风较好且相对干爽的环境下,最好建设专用机房,以确保计算机的使用寿命及减少故障。

(六)生产工艺与流程

完备的设施设备是实现简易化、工厂化、流程化生产的核心与关键,通过上述的标准化建设,苗菜的基地生产有了硬件的保障后,工人的生产操作就变得极为简单,简单的工艺仅剩下种子处理、浸种、播种与收获四个主要环节,生长期间的管理则全部交由计算机系统自动完成,计算机按照预先设定的程序进行智能化自动化管理,这是生产标准化苗菜产品的有力保障。以下就以流程为主线做大致的技术介绍。

1. 种子处理

种子浸种前进行电场处理或者电功能水消毒处理,这个环节对于提高种子萌芽率与减

少烂种率是尤为重要的一个技术环节,具体的处理时间一般掌握在 pH 值 3 以下的酸水处理 5 ~ 10 分钟、3 万 ~ 10 万伏电场处理 3 ~ 5 分钟即可,不宜采用任何化学杀菌剂处理,这是生产免化学无残留高档苗菜的关键。

2. 浸种

在浸种前需进行种子清洗与选种,种子清选的目的是剔去虫蛀、破残、畸形、腐霉、已发过芽的以及特小、特瘪及成熟度不够的种子,提高催芽时种子发芽的整齐度和抗烂能力。种子清选的方法一般多采用人工清选、风选、盐水清选、机械清选等。如比重法,利用水的比重比较大,瘪的就浮出来了。为加大水的比重可以加入盐水,加大水的比重。经过清选的种子便可进入浸种,浸种的作用是为了集中给种子提供良好的吸水条件,并缩短萌芽时间。生产上一般先用 20 ~ 30℃的洁净清水淘洗种子 2 ~ 3 遍,洗净后即可进行浸种,但加水量必须超过种子体积的 2 ~ 3 倍。浸种的温度由高到低,一开始用 50 ~ 55℃热水会使病菌的蛋白质变质,热水充入的过程中要搅拌,一直搅拌到 30℃,让种子均匀受热,起到充分的消毒杀菌作用;浸种的水也要稳定在 20 ~ 25℃。浸种过程中种子会产生一层黏液,所以去除,要换水。浸种的时间因品种温度、季节不同而不同,如果不是在智能化的控制环境下,水位是确定的情况下,时间是相对稳定的,如豌豆,皮厚时间长,因此需要 20 多个小时,萝卜时间短。总的技术指标是:要让种子充分膨胀,只有这样酶才能活化,温度在 20 ~ 30℃。浸种最适宜的时间因芽苗菜种类不同而异,据研究在 20 ~ 25℃环境下,以种子吸水达到最大吸水量 90% ~ 95% 时结束浸种为度,其最适宜浸种时间豌豆、香椿、赤豆、花生、苜蓿为 24 个小时,荞麦、蕹菜为 24 ~ 36 个小时,萝卜为 2 ~ 4 个小时,高温季节浸种时间可稍短,冬季可稍长。浸种期间应注意换洁净清水 1 ~ 2 次,并同时淘洗种子;结束浸种时要再次淘洗种子 2 ~ 3 遍,轻轻揉搓、冲洗,漂去附着在种皮上的黏液,但不要损坏种皮,然后捞出种子,沥去多余的水分,即可进入播种。苗菜的栽培其实就是种子萌芽、胚轴伸长、子叶展开、真叶生长的过程。这个过程是任何植物成苗都必须经历的生理与形态发育变化的过程。需要大量的水分而且是代谢最为旺盛的过程,是一个对氧气要求极高的好氧过程。浸种处理可以是简单的泡种也可以是富氧水浸泡,在有条件的情况下,最好是采用气液混合后的富氧水处理,可以让种子机能大大提高,萌芽率与生长启动的活性大大增强,通过气液混合法可以让水中溶氧达到超饱和值 17 ~ 20 以上,在这样的环境中让种子充分吸胀,极大地有利于酶活性的提高促进各种水解过程的发生,对胚的生长启动效果非常明显。

3. 播种

播种就是把浸胀的种子均匀地撒播在托盘上,做到冬季可适当厚播、夏季浅播的原则,以种子覆盖底部 1 ~ 3 层为准,每盘播量太多,苗长得细而烂种率提高,太薄影响产量与效率,另外不同的种子播种量也有区别,代谢产热量大的要浅播,产热量小的种子可适当厚播。均匀是关键，具体的播种量可以在生产中摸索，不可千篇一律，因播种量多少不仅与品种有关外，还与种子质量有关。

4. 收获

芽苗菜以幼嫩的芽苗为产品，其组织柔嫩、含水分高，尤其是收割后的产品，极易萎蔫脱水，而产品本身又要求保持较高的档次，因此采收切割后也及时进行包装，以提高产品鲜活程度，并延长货架期。切割采收后进行小包装的产品应尽快送至自选市场、超市等消费地点，尽量缩短和简化产品运输等流通的时间和环节。小包装上市最好在采后冷冻系统比较完善的条件下采用，否则应采用以整盘活体销售为主的营销方法。各种种芽苗菜的产品收获，无论是切割采收、小包装上市，还是整盘活体销售上市，均应达到所规定的上市标准。各种种芽苗菜产品形成周期、产量的不同，产品收获上市的标准也不尽相同。各种种芽苗菜产品形成周期远比一般蔬菜要短，最短的一般为 8 ~ 10 天，最长为 18 ~ 20 天，平均 10 天左右，因此复种指数可高达 30 以上，这是种芽苗菜具有很高生产效率的主要因素之一。种芽苗菜的产量多以生物产量或可食商品产量计，例如豌豆苗每盘生物产量（包括根、豆瓣、和茎叶）为 2 ~ 2.5 千克，可食商品产量（切割下的嫩芽苗）为 350 ~ 500 克。

商品成熟的种芽苗菜产品要求达到：芽苗高度 8 ~ 20cm（不同种类各异），整齐一致，子叶平展、充分肥大或 1 ~ 3 片真叶展开，颜色翠绿（绿化型产品）或鹅黄浅绿（软化型产品），无病虫害、无霉烂味、不倒伏，芽苗鲜亮、水灵、未老化。

第二节　可持续的有机耕作型蔬菜生产模式

农业从自然农耕到化学农业实现了科技与生产的巨大飞跃，但也带来了土壤退化、环境污染、生产效率降低等问题，而现代有机耕作是一种基于传统而胜于传统、基于自然又超越自然的新型耕作模式，这种模式的重新应用与重视是科学发展史螺旋向上发展规律的体现，它将成为当今及未来农业耕作的主要农艺技术，虽然这种方式与这本书的工厂化蔬菜关系不是十分紧密，但它同样是实现工厂化生产与可持续发展技术中一项重要的辅助技术措施，特别是它的可持续与循环性是工厂化生产蔬菜必须借鉴的重要组成部分，以及未来有机质无土栽培的主要模式。

一、有机质无土栽培

土培存在土壤物理、化学性状的难以控制与优化问题，常因土质因素而影响生长，也会因土壤的微生物与病原菌的平衡破坏而影响土壤持续生命力的保持与发挥，难以实现蔬菜作物生长根域环境的最优化，使产量提高品质改进受到制限，同时也存在管理烦琐与杂草病虫的难控制问题，针对这些问题采用无土基质栽培，可以使管理效率提高、蔬菜的生长环境优化，是一种省力型的高产优质栽培模式。有机基质无土栽培与无机基质的沙培、岩棉培不同，它具有极好的营养蓄积性与缓冲性，对于营养液的利用及配方要求不严，不必像常规无土栽培管理那般严格。

具体的技术实现是这样的，用珍珠岩、鸡粪或有机堆肥与废菌糠、部分沙充分混拌均匀即成有机基质，这种有机基质具有一定的肥分与缓冲性，如果接种微生物，更能发挥基质的栽培效率。把混好的基质装入栽培槽，然后铺接安装好滴灌管道即可进行蔬菜栽培，这种模式大多用于瓜果类的栽培，也可建成苗床式进行叶菜栽培，利用瓜果的空间伸展性，使基质及平面的利用率提高，当前番茄、小西瓜、黄瓜等种植较多采用该模式。采用有机基质栽培平常管理极为简单，只需定时开启滴灌系统进行肥水浇注即可，如果连接土壤湿度传感器进行计算机自动控制的话，管理更为准确简单，是滴灌技术与有机基质无土栽培结合的一项实用栽培模式。在我国已有较大的推广面积，技术掌握容易，深受蔬菜生产者的喜爱。但也存在一些不足，就是基质的消毒重复利用较为烦琐，经过多茬栽培后，因基质的肥分减少及病菌的蓄存，需进行阶段性的重新补肥与基质的堆制消毒。有机基质栽培平时可以只灌清水，也可混入化学肥料进行追肥与补充，通过滴灌系统很快可以完成水肥的灌溉管理，大大减少肥水管理的劳动力投入。

二、堆肥农业

传统有机耕作一般是以往土壤增施有机肥或者实现简单的秸秆还田操作。这种方法效率不高、肥分的转化率低，还会造成病菌或害虫的传播滋生，特别是蔬菜所用的有机肥中，一些是人粪尿或动物的排泄物，这些物质常带有对人体有致病性的病菌与寄生虫类，直接运用它所生产的有机蔬菜通常缺乏洁净卫生性。而这里结合了堆肥技术所进行的有机耕作，不仅有机废物的肥分能得到最充分的分解转化，让肥的损耗率降低，在栽培过程中更利于蔬菜的吸收利用，同时流失与蒸发损耗也将会大大降低，追施过程也不会产生臭气与污染。因此，结合堆肥浸出液的制造，还可以用于根外追肥，以提高蔬菜的质量与抗病性。人为地堆肥发酵不仅实现了有机肥的肥分转化，更重要的是还可以培养有益微生物，对于改变土壤微生态环境效果大大超过传统的直接施肥法。在堆肥制作过程中通过科学的环境控制与人工接种，使有益微生物得以迅速繁衍，用于农田施肥与植物间可形成良好的共生关系，大大促进了蔬菜生长抗逆性的提高。

堆肥农业在生产中的具体使用方法分为三种：其一，堆肥发酵制取有机肥；其二，获取堆肥茶进行无土栽培；其三，结合堆肥发酵产热建立生态大棚。下面就这三种使用方法进行介绍。

（一）堆肥耕作

传统农业对有机肥的利用已有悠久的历史，当前施用有机农家肥或生活垃圾的方法也是农业生产中的一种重要基肥利用法，是传统有机耕作中大家普遍认可的培肥土壤提高产量与质量的有效措施。但是，这种方法会出现较多生产问题及污染问题，其中生产问题因肥没经发酵产生烧苗，或者后期发酵而使有些植物返青贪长影响产量与质量，还有就是成为病害感染、杂草滋生的传播源，如果使用量与方法不科学甚至会使蔬菜的硝酸盐大大超标，致使有机栽培达不到良好的效果。有机肥如果处理不当还有可能成为二次污染源，当前许多农户采用直接覆土或暴露于空气中的方法处理有机肥，这样做一会造成空气污染，二会造成地表径流污染，三会成为一些寄生虫及病害的传染源。这些问题都是有机肥没有发酵分解直接使用所致。新鲜没堆制的有机肥，施入土壤后虽然也进行着微生物的分解，但由于环境与条件不适合，会造成发酵不完全，或者发酵反应过程中直接对植物造成危害，或者发酵时间过长，失去了施肥对蔬菜作物的季节性、阶段性肥效，也因肥中的草种传播而造成滋生蔓延，更有发酵放出氨而烧苗，也有因土壤中发酵耗去了大量的氧气而使根系缺氧土壤处于还原状态，影响土壤的化学性状，继而影响植物的生长。那么，这种看似简单的堆肥过程到底其间发生了什么神秘的生物化学变化呢？现从堆肥的过程与原理来做介绍，让大家认识堆肥的重要性与意义，为堆肥农业的发展、可持续农耕的形成增加理性的认识。

堆肥制作其实非常简单，但如何做到高效发酵与堆制，也是一项较为复杂的技术，现就农村常用的堆肥法做介绍。堆肥的原材料来源极广，从理论上说适合所有的有机废物，包括植物体、动物体、食物、有机废物，其中植物体有植物的残枝落叶还有瓜果蔬菜的残余；动物体有动物内脏、皮毛、禽畜粪便等；食物即生活所涉的各种食品残余及食品加工厂的下脚料；有机废物就是城市的有机可分解的所有垃圾甚至是下水道的排污和水体的沉底淤泥，总之生产生活过程中所废弃的有机物皆可作为堆肥的原料，而且不同原料的营养与作用是不同的。堆肥过程就是微生物在适合的环境下不断地分解与合成有机物的过程，它充分利用了有机物的碳作为能量，氮作为合成蛋白质的原料，来完成自身的繁殖与代谢，把高分子的有机物分解为简单的、矿化的、能让植物直接快速吸收的营养元素。碳与氮的比例在发酵过程中是关键，碳是分解能量源，氮是合成氨基酸与蛋白质构建生命体的原料，两者的比例极为关键，一般掌握在 20 ～ 30：1，这种碳氮比是一种平衡适合的比例，可以让微生物快速增殖来加快堆肥的转化与分解。一些植物体的落叶、木屑、枝梢、废报纸、秸秆、枯草等碳含量较高，若直接进行堆制，不利于微生物的合成与滋生，发酵速度慢，而蛋白、肉类、脂肪、瓜果等残余则氮含量高，会放出大量的氨气与臭味，也影响发酵与堆制，最好两者进行一定比例的混合，掌控适合的碳氮比，是成功发酵与无臭堆制的关键。堆制良好的产物，一般是无臭味而带有点似泥土的芳香，并且分解完全能被植物较快吸收，而且原料体积压缩变化较大，只有原料的 1/3 ～ 1/5 体积。而发酵不完全的常有异味，抓在手上也没有疏松感，不宜直接使用，一些发酵失败的堆肥甚至还会产生大量的有害物，影响土壤管理与植物的生长。那么堆制过程中哪些因素是决定成败的关键呢？堆肥过程是氧化分解的过程，这过程所涉的细菌、放线菌、真菌大多以好氧菌为主，所以氧气充足与否直接关系发酵的效果，给堆肥创造氧气充足的环境是堆肥发酵成功的关键。在技术实现时有多种方法，可以达到疏松透气的好氧环境，一是材料的颗粒不能过细，过细的材料因表面积大，前期有利于细菌的作用但后期会因堆料的沉实而缺氧，所以一些需进行切制的原料以 5cm 长为宜，如秸秆、植物残体、树枝等。二是翻料与通气增氧，发酵堆制时，因中心部位温度高，发酵速度会较快而导致边料与心料的不均匀，所以必须每隔一周翻料一次，把中心的料往外翻、边料往内拌，在翻动的过程中也是提高透气性的方法，不过现在有更先进的增氧法，就是利用智能化的氧气传感器插入料堆中，一旦缺氧就会启动通风增氧甚至经由管道送入氧气，这种方法可以让堆料获取最充足的氧气。在发酵分解的完全程度、速度上比传统的方法都有很大的改善。也有一些土办法，就是堆料时在中心预放秸秆通气束。三是以铁丝网围栏制成直径及高各一米的堆料箱，这种方法具有较好的透气性，同时翻料也简单，只需拆开铁丝网就可以把堆肥全部重新翻填一遍。许多堆肥厂有专门的堆肥设备与翻料工具，是实现大规模商业化生产堆肥的专用设施，既可以处理大量的城市、农业、生活、加工、厨房等垃圾，又可以轻松地把有机废物变成可循环再利用的最佳有机肥，是解决环境污染与实现有机耕作的最好方法。

堆肥发酵的高温期，堆料温度高达 70 ~ 90℃，这个温度基本上可以杀灭害虫与病菌甚至杂草种子，通过高温堆制后再施用于农田及园艺生产，就可以实现真正的无污染有机耕作，而且堆制过程中菌类分泌的大量酶与活性物质对农作物来说是最佳的代谢促进剂，它对生长促进与提高抗病性比单一施用肥料要好得多，所以堆肥也是有机耕作中最为可行的健生促生栽培，可以大大提高抗病性与抗虫性，为有机耕作创造基础。堆制发酵的肥料对于土壤改良，改变土壤的三性（生物性、化学性、物理性）来说，其他化学肥料是难以做到的，而且堆肥的大量微生物，对于建立土壤优势微生物种群、提高土壤生命力来说，是一种可以持续耕作的方法，堆肥农业没有土壤退化、板结现象的发生，对土壤来说是一种永久耕作的模式。它也是城市农业肥源的保障，可以变城市垃圾为宝贵的城市耕作肥源，也是建立生态可持续发展城市的一项生态工程，只有利用微生物进行堆肥发酵才可以有效解决城市生态链的完整循环，不会因垃圾的焚烧及填埋而影响环境，把原本令人讨厌和头痛的污染源变成城市发展绿色生态环保农业的有机肥源。

堆肥耕作就是利用堆肥进行植物的栽培，生产出绿色有机的蔬菜瓜果等经济植物，利用堆肥培肥地力、活化土壤实现持续耕作，利用堆肥提高抗性实现免农药生产，利用堆肥实现农业生产的零排放无污染、实现生态的闭锁循环。堆肥农业是未来农业及蔬菜产业有机栽培的必然趋势，是实现蔬菜有机栽培与城市规模化、工业化生产的有力保障。利用堆肥混合基质进行有机基质型无土栽培，并结合自动化技术，是实现未来蔬菜工厂化生产有机化栽培的一项重要技术路径。堆肥制作方法简单，容易掌握，只有把堆肥的观念与生活概念进行结合，才能让千家万户都具有强烈的环境生态意识，才可以把堆肥技术推广到千家万户，才可以把简单的堆肥桶（如垃圾箱）成为人们家庭生活的必备，如使用家电一样使用堆肥桶与技术，这是实现以家庭为单位进行环境治理新举措，可以大大减少环保部门的压力，又为家庭的庭院楼顶农业发展带来契机。垃圾变成肥，再用肥种菜、养花形成良好的城市生态循环关系，是建设生态城市、实现城市可持续发展的关键。

（二）堆肥茶的无土栽培

堆肥的无土栽培除了上面提及的有机基质无土栽培以外，还可以进行水培与气培，与无机营养液一样实现管理栽培的自动化，这是无土栽培的未来发展方向，是实现有机水培或气培所必不可少的营养源。堆肥的肥分具有营养物质全面，而且含有一些无机营养液所不具备的酶与活性物质甚至是生物抗生素之类的物质，还可以通过接种有益微生物而起到更好的增效作用。那么这种基于水或气为介质的栽培，如果直接运用固态的堆肥肯定不能实现，因而需要把堆肥变成能溶于水的液肥方可进行水培与气雾栽培。目前用于堆肥水培或气培的营养液肥叫堆肥茶，之所以叫作"茶"，是因为利用堆肥浸泡液进行水培或气培，其过程似泡茶的工艺，故称其堆肥茶极为形象。

无土栽培的部分与无机矿质元素的栽培相同，不同的部分就是营养液的制取工艺，化学营养液栽培直接用溶入混合法，而堆肥茶的有机营养液则是用布袋滤网渗出法，或者把堆肥分装成小袋直接浸泡到营养液池中，让其如泡茶一样慢慢渗漏汲取。当然工业化的栽培设计则不同，它可以把制取的过程实施自动化，无须上述烦琐的人工操作。

采用堆肥茶进行水培或气培，当然基质培也行，是一种完全有机的而且对环境零污染的可循环型无土种植新技术，采用它种植的蔬菜营养成分及口味与化学营养液相同。更为重要的是，它可以利用废物资源进行变废为宝的生物转换，是一种生态有机的可循环农业模式，在未来的农业发展中与蔬菜工业化栽培中发挥其独特的魅力与作用，而且成本也得以大大降低，产品的有机认证也最易实现的高效替代农业。

（三）堆肥大棚

上述提及的堆肥是利用它发酵分解有机物产生矿质元素而作为作物蔬菜生长的肥源，而堆肥大棚的设计则是利用发酵过程中释放的生物热量，利用生物热量来加温，作为冬季反季生产蔬菜的温度保障，也可以采用水管的送水传热性，把堆肥中心的热量通过水的吸收导出作为水培的加温水或生活用水。这种生物热能的利用法，其实在我国传统农业的育苗催芽上早有运用，通常利用马粪堆垫到苗床底部，利用它发酵散发的热量作为种子萌芽成苗的温度保障。而堆肥大棚的设计则是利用堆肥块作为棚墙或者边裙，制作成堆肥棚，这种棚也是生态棚建设中能源生态化的一种科学设计。它比水体吸热所构建的大棚更具环

保性，除了分解利用堆肥作为肥料外，还可以充分利用热能，把生物分解的所有物质与能量都得以最大化的发挥，而且不耗电耗油，也无废气的排放，是自然生态的最科学利用。

要制作堆肥大棚首先要把堆料压成如砖的块状物，但不宜太小而影响发酵，一般以60cm见方80～100cm长的堆肥块制造成叠屯，最好是利用作物秸秆制成的堆肥块，它具有缓缓释放热量的特点，可以在严寒的冬季实现持久的加温，当然也可以适当混入动物的粪便尿渚之类以降低过高的堆肥碳氮比提高发酵的效率。一般宽8m，长30m的标准大棚，沿着基准线堆垛标准的堆肥块2～3层即可，一定要垛成密封的墙围以防漏风，再于墙上架设大棚管材，铺盖好棚膜即可。至于热量的输送传导则以穿埋于堆料中间的铁制水管为佳，水管的尺寸大小也有讲究，一般以一次使用的放水量来计算，管径或长度，管径小的水管可以于堆肥中多绕几道，管径大的可以少些，而且用水频繁的使用双管制，一管放水时，另一管关闭，进行交替切换。生态大棚冬季用水有育苗喷洒、还有基质灌溉、或者水培补水、关鱼加水等用途，也可以作为生态大棚内的生产生活用水。通过测试与实验，堆肥加温水也可达到70℃以上，有类似太阳能热水器的效果，而且到了春暖季节，这些堆肥材料已变成可利用的分解的有机肥，是一种循环型经济利用的模式，是未来蔬菜大棚实现秸秆垃圾肥田的另外一种科学有效的方法。可以用于蔬菜大棚与关殖大棚，是节源节省型环保生态利用型的科学设计。

堆肥技术的综合利用是蔬菜生产实现有机生态环保的一项最有效措施，是对传统有机农耕生产模式产业提升与技术创新，在倡导绿色环保的有机农耕来说是必不可少的技术保障，只有堆肥技术的运用才可以让农业生产成为永续经营成为持续发展的产业，否则土壤的退化与污染最终会让沃土成荒漠，是当前实施沃土工程提高永续耕作最有效力的方法。堆肥农业将是蔬菜丰产丰收的保障，将是实现蔬菜有机绿色无公害栽培最有效的技术措施。利用堆肥茶进行根外追肥是提高抗病性与抗虫性的生态方法，利用堆肥培植土壤微生物是复活土壤提高生命力最为科学的措施，总之堆肥农业技术的综合利用是未来农业技术措施中必不可少的一项生态环保可持续耕作的最有力武器。

三、水上农场

农业的发展，蔬菜的栽培从传统的平面拓展型已开始向立体空间开发型转变，也就是海、陆、空齐头并进开发的局面将渐渐形成，这是人类关爱环境、保护生态与开发可利用资源所迈出的伟大一步。

地球是一个水球，可人们从事农业生产与蔬菜栽培所涉的仍是仅有的土壤部分，没有向水域发展，在未来人口骤增、环境日渐恶化、资源不断匮乏的情况下，农业生产与科研者的眼光开始投向广阔的水域，它将是一个无限可拓展的最为广泛的资源。农业科学家从此就开始关注水面的综合利用与开发，各种各样的水上种植模式渐渐形成，构成了水上农场的美好蓝图与发展构思，现在也有许多耕地缺失的国家正在实施这项技术战略，以下就几种较为常见的水上蔬园做简单介绍，对大家的思维拓展将会有益。

（一）浮筏栽培

对于一些水域面积广、可耕土地少的地区与国家，可以利用丰富的水面资源进行水上农场开发。而浮筏系统就是一种环保型、低成本的种植系统，利用类似竹排构造的浮体进行栽培，具体操作如下：利用竹竿建筏，并于筏排上堆置水草或水葫芦之类的有机材质，形成类似种植床的栽培层，然后就可进行蔬菜作物的栽培。通常这种模式用于水体较大的静水区，利用丰富的水草资源进行堆制生产蔬菜，特别是一些水灾区，可以用它作为一种重要的恢复生产重建家园的项目。当然，也可以引用到大水体的设施栽培与养殖环境中，是一种较好的鱼菜共生系统。

（二）漂浮栽培

以人工材料泡沫板为载体，在基板上按照一定的定植株间距打孔，然后直接采用海绵块或定植杯固定进行植物蔬菜的栽培，这种模式通常用于水体较小、富营养化较为严重的地区进行生产，起到蔬菜生产与水质净化的双重作用，也是生产叶菜的一种实用方法。

（三）浮岛栽培

浮岛栽培更注重生态系的建立，虽然也是以浮体的方式进行栽培，但它的浮体制作形成过程是一种完全的生态构建过程，是物种参与多样化、生态模式多元化的一种水质净化与造景的生产系统。这种方式大多用在水体较大的湖泊治理上，在广阔的水面上直接漂起了一座由植物材料堆积而成的小岛，在其上进行蔬菜耕作。具体的制作过程可参照《未来农业》这册书的具体阐述部分。

（四）滤槽栽培

采用废旧汽车轮胎经充气后连锁成水上浮体，并于浮体上构建栽培槽，而栽培槽内的填充物则是选用陶粒、珍珠岩、椰糠或泥炭混合而成的人工基质，蔬菜种植于槽内的基质上，蔬菜的灌溉直接利用湖水进行提水浇灌，让水流经槽内基质然后渗漏回水体，形成了过滤栽培相结合的生态种植模式，这样湖体的富营养化的矿质元素成为蔬菜的吸收养料，而水又能得以过滤与净化，是一种极好的蔬菜水处理系统，在生产运用时可连片规划，并于蔬菜床间规划走道、操作道，管理人员走入水上菜园与置身陆地农场没什么区别。同样，这种模式也可作为工厂化生物滤化系统与大型的排污企业结合，形成一处既具污水处理又具生产蔬菜功能的水处理工厂。

第三节　水培蔬菜

　　水培蔬菜既是无土栽培技术的重要组成部分，也是现代农业与园艺的主体技术。自从农业化学家李比希揭示了植物吸肥原理与矿质元素的机理后，化学农业的大门便从此开启，化学在农业上的运用得到理论与实践的证实。蔬菜在生长过程中所吸收的养分是一种离子状态的矿物质，而水培就是利用这个原理，把离子化的化学物质溶入水中配制成栽培营养液，植物的根系就直接生长悬浮于水中，给根系创造了最充足的肥水接触环境，从而使吸收代谢加快，使水培蔬菜的生长效力得以大大提高。一般运用水培技术生产的蔬菜具有生长更快、环境更洁净、生产管理更趋自动化的优势，所以它最有理由成为工厂化生产蔬菜的主体技术与栽培模式。

一、水培蔬菜模式介绍

　　水培顾名思义就是把蔬菜种于水中，但是由生产可行性演变所形成的模式还是较多的，主要有以下几种：

（一）静止水培

98

　　这种方式具有较深的营养液层，定植的植物浸泡于根系中，而营养液的溶氧问题主要通过曝气解决，用这种方式栽培的植物具有两方面的摄氧路径，其中除定植植物部分根系露于空气中可解决部分氧气代谢外，还可以从营养液中的溶解氧里获取。这种方式又叫作SAT栽培。

（二）潮汐式水培

　　这种方式同样具有较深的营养液层，但是解决植物摄氧的途径是通过水位高低的变化来实现，水位变高如涨潮，水位降低如退潮，在一涨一退的过程中，让根系循环地处于露根与浸根交替状态，当涨潮水位变高时，根系淹没吸收水与营养，当营养液位变低退潮时，根系露于空气中，可以充分地摄氧，从而实现营养水分与氧气的协调供给与吸收。这种方式又叫作EFT栽培。

（三）深液流循环式栽培

　　这种方式也具有较深的营养液层，但它解决水中溶氧的方式是采用水循环的方法，在水循环系统中设计了有利于提高水中溶氧的设计，如具有较大的营养液缓冲回流池，可以使营养液的温度稳定，不会骤然升高，具有较高落差的回液管设计，让回流液似瀑布跌落的方式流注入回液池，实现增氧过程，另外在进液口也以较高的落差注入营养液，也可达到养液增氧之效果。该方法也叫作DFT栽培。

（四）水气培

这种方式是在深液流循环的基础上进行改进的一种模式，让营养液与空气的接触表面积增大，如瀑布式的进液，或者在进液处安装空气混入装置，或者促使纯氧溶入的气液混合技术，让根系处于溶氧富足的环境中。这种方式比上述的方式又改进了一大步，能使植物生长更快，也叫作 AFT 方式。近年在日本水耕农场被广泛运用，又叫作水气耕栽培。

（五）营养液膜技术

这种方式是让根系生长于流动的薄层营养液中，定植的植物根系始终处于薄层的养液中，但大多数根系还是暴露于潮湿的定植空间中，植物在获取水分营养的同时，可以摄取空气中充足的氧，同时厚 0.5cm 的一层薄液层又有很大的空气接触表面积，也可溶入更多的氧气，间歇而不断循环的营养液又能充足地供给所需的矿质营养与水分，是一种较为实用和普及的水培技术，在生产上被大面积地用于瓜果蔬菜的栽培。但其不足之处是，由于营养液总量少，循环液的温度波动会较大，如生产上以薄膜衬底，浅液循环的栽培模式就属于这种。另外，当前流行的管道化栽培也大多属于这种模式，也叫 NFT 水培。

（六）营养液滴灌技术

这种方式以滴灌的方式向根系供给生长所需的营养与水分，它是以惰性基质（如蛭石、珍珠岩、石棉等）作为栽培介质，根系生长于固态的无机基质中，最早的就是沙培。它结合滴灌向根系供应所需的营养液，因基质具有很强的透水性，所以根环境又具有比土壤基质更高的氧气量。它的生长大大超过了传统的土壤栽培，但因其缓冲性差，必须实施较为精准的滴灌技术，以免基质因保水保肥性差而影响生长，这种方式又叫作 DIT。

99

二、生产运用较多的两种模式

（一）管道化的 NFT 模式

蔬菜的水培模式较多，NFT 模式是一种栽培叶菜类较好的模式，又称营养液膜技术。之所以把它叫作营养液膜技术，是因为循环的营养液厚度只在 200 微米以下，就如浅浅的一层水膜，这种营养液供给的方式具有比其他深液流更充足的根域氧环境，生长的蔬菜根系大多处于湿气中，只有底部的根系发挥水与营养的吸收功能，才能使蔬菜处于较好的有氧环境，使根的活力得以保持，不会像深液流模式因管理不当就会出现根域缺氧而烂根的现象，所以它在生产上较具实用性。

新时期的 NFT 模式一般都采用管道工业技术进行科学构建，已形成当前现代农业技术体系中的一种较为稳定的生产模式。采用管道技术构建，能够使施工快速简单、管理方便洁净，容易实施工厂化，容易做到免农药栽培。以下就管道化的 NFT 模式进行简要的阐述。

系统构造由栽培系统、营养液循环系统、营养液调控系统三大部分组成。其中栽培系统主要由规格 100mm×50mm 或者 150mm×75mm 的方形 PVC 管构建而成；营养液循环系统则由槽形的回液管及由水泵启动供液的进液管组成；营养液调控系统是该系统的心脏部分，由营养液池及各种用于调控养液参数的传感器及计算机系统构成。

具体介绍如下：

（1）在构建栽培系统时，需注意的是，管道不宜过长，否则会出现因养液循环供给不匀而导致末端蔬菜生长欠佳不整齐之现象。一般以每道种植管 7.5m 长为佳，最长不宜超过 10～15m，选择的管道材料也应该是无毒材料所制造的自来水管，否则会因化学污染残留而影响蔬菜的品质。铺设管道系统以进水端稍高、排水末端稍低的滑坡方式为好，一般以坡降 8/1000 较适宜，布设管道要求整齐有致、行距均匀，有利于生产操作的管理，栽培的孔距可因蔬菜的株型大小而定，一般按 15～20cm 距离进行打孔，可选择口径为5cm 的电动打孔器进行高效制作。在实施工厂化的管道铺设过程中，应于管道的两端及中部先进行水平打桩制架，架高以齐跨高便于人们站立操作为宜，要求桩架水平整齐。当然，设施投入较大且较规范的栽培工厂可制作铁架作为支撑架，更利于工业化、规模化生产。如果是在 8m×30m 的标准大棚中施工，管道铺设方向应以正中走道为中心点，向棚两侧方向整齐铺设为佳，中间走道宽留足 80～100cm，以便操作管理，排布两侧的管道长以 3.5m较为适合，管距一般以 25～30cm 作为叶菜类的最佳距离，株距一般以 15～20cm 为宜。进行管道排列布设时，应做到整齐，以利于蔬菜的通风，而且水平高度以进液管稍高较利于营养液的回流循环。另外，如果在联栋温室中铺设 NFT 管道系统，则以每栋的横向走势作为铺设的方向，只需于一侧留足走道空间即可，整齐顺着坡降走势排列长为 7.5m 的管道即可。

（2）NFT 的营养液循环系统较为简单，主要由贮液池、进液管与排液管组成，其中回液池一般建于地下，以利于温度的稳定及不占空间，其大小一般以每亩 3～5 立方米较为宜。进液管的铺设通常以靠近走道的一端为纵向布设一道进液总管，再用黑色的微管引入每根管道，而排液管通常用集液槽代替，也就是在管的另一端下方纵向铺设一道 U 形管材即可，它可以把每根管回流的营养液集中回送至贮液池。回流至贮液池的总回液口端一般让其从池的高处跌落飞溅入池为佳，这有利于回液的增氧。当然在构成循环系统中所涉的动力提水泵与紫外线杀菌装置也是必可不少的重要组件，在大面积的送液过程中，动力泵的动力配备也较为重要，面积越大，要求单位时间水量及功率就越大，如果在大规模的生产基地运用，最好以配备压力箱较为实用方便，这样可以实现分区信号克隆方式进液，可以减少水泵的使用数量，实现信号的分区复制与分区执行。另外，营养液循环栽培中杀菌灭藻是极为关键的技术，于回液处需安装流水型的紫外线杀菌装置，目前它也成为营养液循环系统中必不可少的一个组件。

（3）NFT 的智能化栽培系统。NFT 栽培因为营养液流量小，根的吸收速度又快，使营养液成分的动态波动较大，需实时或周期性地对营养液的各项参数进行调整校正。它的调整与深液流相比要频繁得多，所以通常也是采用计算机控制技术进行营养液的调节及循环的调控，当然最好再结合生长环境因子的调控，这样对植物生长会更为有利。当前最最常用的的计算机控制系统一般分分为三大功能模块，十大控制参数，与营养液相关的模块叫营养液控制中心模块，与水循环相关的模块叫营养液循环模块，与生长外环境因子相关的模块称之为微气候调节模块。其中，营养液控制中心主要控制或检测营养液的温度、EC、PH 及杀菌装置的启闭四大功能，营养液循环模块主要是控制水泵的启闭以最佳的循环频率与方式进行营养液的供给，它以空气温度及营养液温度为输入信号进行控制，也就是空气温度及营养液温度越高则循环就越频繁，另外，它还结合信号的分区克隆功能进行分区供液。此外，微气候调节模块具有空气湿度、高温极限甚至人工补光与二氧化碳及叶面肥自动补充的功能。通过上述三大模块的协作调控，基本上实现了 NFT 生产的自动化、智能化与最优化。

（4）营养液调控计算机的运用。我国的水培（NFT）等的营养液调控方面，基本上还是赖于阶段性的仪器检测与人工调节，不能实时在线地为植物生长的营养液需求提供最佳的物理、化学、生物环境。因此，开发一种能实现营养液自动控制的微型智能控制计算机显得极为迫切，它既可解决植物生长营养液优化问题，又可使许多不懂营养液调配的农民掌握与运用水培技术。当前，我国水培技术在普通农户当中难以普及的原因之一就是营养液技术难以掌握，如果通过营养液调控计算机进行调节控制，就可以使营养液栽培技术进入千家万户，实现营养液的傻瓜式调控。科学的调控设计对于植物生长来说极为重要，以往的调控手段也有先进的自动控制，但一般只对电导率 EC 值与 pH 酸碱度进行调节，而对于各离子浓度的分析控制未能结合，这样会因植物的选择吸收而使某些离子浓度过低或过高，造成虽然有合适的 EC 值，但没有离子间合理的比例搭配，所以在原来控制的基础上最好添加离子浓度传感器，如 N、P、K 等大量元素传感器，这样就可以实现离子浓度与比例的科学调控，也可减少废液外排的离子污染程度，能指导生产，并最经济、科学地利用营养液。

植物的不同生长发育阶段对肥的需求有不同的选择性与嗜好，也会因外界的温度、日照、溶氧等因子发生变化，这种动态的变化，光凭 EC 值与 pH 酸碱度的实时调控不能完全实现，需对离子间的浓度进行检测与调控，至少要实现大量元素离子的检测与调控。在进行自动控制时，计算机进行周期性的电导率测定取值，然后再进行 pH 酸碱度的检测。在进行 pH 酸碱度调控时，如果测定结果偏酸，计算机先进行与营养液相对应的离子浓度，再计算控制所需的投入量，同时进行 pH 酸碱度及各离子浓度的调节，使各离子浓度渐趋目标值，又可以纠正 pH 酸碱度。如果因离子浓度调控后导致 pH 酸碱度波动，再进行 pH 酸碱度的调节，这样使营养液不仅有更合适的离子浓度，又能保持合适的酸碱环境，比原来的单因子独立调控更为科学合理。在进行某元素的离子浓度先行调控至合适值时，相对应的与其平衡的元素也要进行浓度的控制。

采用这种控制的设计方案，植物在生长过程中不仅能进行电导率的控制，pH 酸碱度及各离子浓度也能得到最合适的调控。这种离子浓度能灵活控制营养液，可以使生长的养液环境始终保持在适合的范围，换液的次数及废液的浪费也大大减少，是养液科学调控的研究方向，也是解决实际生产过程中养液调控存在的主要问题。

NFT 的栽培具有建设方便、操作简单实用的优点，但同时也具有养液波动大、调控要求频繁而严格的缺点，在生产中主要用于叶菜类的栽培，当然也有些地方用于瓜果类的种植，但总体来说，还是以叶菜生产较有技术优势。NFT 模式除了生产中运用外，其实还是家庭管道栽培模式中的一项重要栽培方式，更是植物工厂内实现立体栽培的一种最为便捷的建造模式，所以也常成为植物工厂中叶菜生产所采用的主要栽培方法。

（二）M 式水耕

M 式水耕是水耕蔬菜产业中运用最为广泛的技术，具有较多的优势与生产可行性。在实施产业化、规模化的过程中除了技术含量外，更重要的是要考虑它的实用性和普及性。

M 式水耕设计具有以下几个优点：

102

（1）它是一种液流技术、漂浮栽培技术、水气混合技术、高架设栽培床技术结合的复合式水耕模式。

（2）营养液的深度达 5 ~ 10 ㎝，使单株所占营养液量大大增加，从而使因营养吸收造成的浓度与 pH 酸碱度的波动相对大大减缓，便于营养液的管理。可以不需要安装实时在线传感器进行自动管理，使用检测仪器进行阶段性调节也可以达到管理的要求。

（3）营养液处于持续的或者间歇性的流动状态氧气或空气混入，达到水中溶氧的稳定与富氧状态，是实现该模式快速生长的技术保证。可以通过营养液输入的床端安装射流器或空气混入器，较为先进的设计最好接上空气混合泵进行超溶氧管理，以便纯氧溶入，在回流处因提高了栽培架进行高设化栽培，让回液如瀑布般暴跌入池，又达到了很好的混合与增氧效果。它比完全闭环式循环或曝气式增氧的深液流栽培有更多的氧气溶入，这是它不同于一般深液流的技术所在。

（4）漂浮移动的定植板模式利于流水线生产。该设计可以在栽培床的一端进行播种，随着生产线往末端漂移，而在末端往往可以配置蔬菜的自动收割机与包装机，以减少运送与收获成本。这是适合工厂化生产的科学设计，利于流程化生产，可以大大提高生产效率，如果是自动化程度高的基地设计，还可以结合移动苗床以充分利用生产空间，更利于走动式管理。

（5）播种定植方便，也利于流程化操作。因栽培床设计成齐跨高架设苗床，播种与收获皆可以站立工作，大大节省了劳动力，而且培育好的无土净根苗或海绵块苗只需整齐地植入定植孔即可，操作简易，容易实施工厂化生产。

M式水耕的深液流适合叶菜以外的茄果与瓜果栽培，可以种植株型较大的植物，这是管道式NFT所不能比的。同时，它的氧气混入与循环更为科学，植物的生长势往往比其他模式更佳，在产量与质量的提高上更具潜力。以下就它的生产设计做简要介绍。

M式水耕与其他水培一样，都要求在有自动化控制的温室大棚内实施，而且最好是联栋温室，以利环境管理。栽培床的高架设施是投入较大的硬件设施可以用育苗床代替，种植床一般是以泡沫板材制作的专用槽，可以拼凑组合，装拆都极为方便。种植槽的规格一般宽度为90～120cm，与种植板的宽度相同，种植瓜果类的可用较窄的槽，以60cm为佳。种植槽的深度只需10～15cm即可，种植瓜果类的可稍深些，以提高根系总容量。种植槽水平放置是关键，以利于水的循环与排干换液，而且在槽底要铺设栽培黑膜，以利于栽培后的清洗与去残根，可以连膜一起卷起撤走，极为方便，膜可以采用一次性的黑膜。

循环系统是技术的关键，它的设计主要是为了水中能溶入更多的氧气，所以每部分的构建都要以有利于提高溶氧为出发点。营养液循环由管道及动力泵组成，循环的方式主要采用以射流或瀑布流的营养液注入法，回流处则以高位回流的方式跌落入池，使营养液与空气间有更充分的接触，以促进氧气的溶入。但当前较为先进的混入空气方法是在营养液输送管道上再安装空气混入器或者气液混合泵以实现超细微氧气或空气的溶入，往往可以达到超饱和氧值，使蔬菜作物的生长更快，有些品种可以达到数倍的提高率，这也是M式水耕发挥更高生产效率的关键所在。营养液控制中心的建设管理与NFT相同，也是采用营养液管理模块或专门计算机实现自动化管理调控，同样实现在线控制与实时调节，它是营养液管理的重要部分，但M式水耕在调控参数方面一般增设溶氧传感器与氧气的自动控制，弥补了单一循环所带来的高温逸氧问题。也就是说，在水温高时仅凭循环难以实现营养液的饱和氧，但用气液混合法可以达到该温度下的超饱和氧，因为氧的超饱和溶解决了以往水培常会缺氧烂根、老化的问题而使产量、生产速度大大提高，这是M式水耕的最大优势与创新。

M式水耕与NFT水耕模式是当前设施环境下进行工厂化生产蔬菜运用较多的方式，是实现蔬菜洁净化生产的重要途径，当然生产中还有许多模式，以上两种都是当前用得较多的趋势性技术。大家可以在熟知水培蔬菜原理的基础上，大胆地进行模式的改进与创新，实现蔬菜生产的快速化、规模化与工厂化，这是未来蔬菜栽培主要技术的发展趋势。

第五章 智能技术在粮食作物生产中的应用

第一节 播种自动控制技术

一、技术介绍

播种是农业生产中最重要的环节之一，播种质量直接影响农作物产量。从20世纪90年代相关研究学者就对精密播种进行初步示范，证明其有一定的经济效益。近年来，随着精量播种技术的发展，精量播种机已成为现代播种技术的主要特征，成为播种的主要发展方向。目前国内使用的精量播种机大多是机械式和气力式，在播种作业时具有播种过程全封闭的特点，凭人的视听无法直接监视其作业质量，而在播种作业时发生的种箱排空、输种管杂物堵塞、排种器故障、开沟器堵塞或排种传动失灵等工艺性故障，均会导致一行或数行下种管不能够正常播种，造成"断条"漏播现象。尤其对于目前大力推广使用的免耕播种机来说，由于其作业地表秸秆覆盖，环境条件比精量播种机工作时更加不可预测，发生漏播、堵塞现象也就更加频繁。因此，对播种机的播种质量进行监测就显得尤为重要。

国外对精密播种机监控系统的研究和应用始于20世纪40年代，法国、美国、苏联等国家都进行了研发与试验，研究出不同形式、针对不同作物和播种量的监控系统，同时可以对多种参数进行监测和记录。国外的精量播种发展较早，其对播种质量监测的研究也比较成熟，在20世纪90年代就已经开发出较为完善的设备。在国外品牌播种机中，发展较好、应用广泛的约翰迪尔精量播种机已经配备了一系列用于播种质量监测的播种传感器、Seed Star监视仪以及与其他农机相互协调配套的监控设备。此套设备应用简单的光电传感器配合信号采集电路，能够检测到漏播、断条等现象，在监视仪上进行各种图形化统计及分析，使机手能够清晰了解播种质量，实时掌握播种质量信息。同时，可以将播种信息上传至信息中心，为日后一系列的作业提供数据支持。

在国内对播种质量监测的研究中，许多先进技术得以应用，而在实际应用中，我国播种监测装置存在工作可靠性不高、系统制造成本较高、大型化播种机应用量小、作业技术水平低、成果转化速度慢等问题。其中虚拟仪器检测系统能够进行高速数据采集和复杂的数据处理，适用于实验室检验测试环境，由于需要计算机和采集卡，目前还难以应用到田间农业生产活动当中；利用图像处理技术，能够对播种质量进行快速、准确的监测，能够解决在播种机质量检测检验中测量精度低、自动化程度低的问题，但需要使用的设备和测试系统较为复杂、成本较高，适用于实验室台架对播种机性能进行检验与测试；电容式传感器简便经济、容易维护，能够进行在线非接触测量，能够简便地测出种箱排空、导种管阻塞，但是由于传感器特性，也无法对播种籽粒数、漏播率等参数进行统计。而光电检测技术本身具有成本低、性能可靠、维护简便的优点，通过对传感器排布方式、系统结构和电路设计的优化能够提高其测量精度，能够满足实际生产的需求，能够应用于田间生产作业中。

播种质量光电监测技术包括使用红外传感技术、激光传感技术、光栅传感技术、图像传感技术等监测方式，其中红外传感技术具有成本低、易于维护等特点。本章采用红外传感技术，选取适合的红外 LED 发光管和与之匹配的光电二极管进行组合，对播种质量进行监测，该监测方式受作业环境影响小，能够在灰尘、潮湿、低温的情况下稳定工作。

二、技术装备

（一）监测原理

播种质量监测传感器采用对射式红外光电传感器，排种管壁一侧为发射端，发出红外信号；另一侧为接收端，检测接收到红外信号的强度。当有籽粒通过排种管时，发射端发出的红外信号受到遮挡，接收端接收到的信号减弱到阈值以下后又恢复到初始信号强度。这一过程产生的信号经过调理放大形成脉冲信号用于计数和监测。

微控制器采用纳瓦技术，功耗低、抗干扰能力强，外围接口丰富，如捕捉、比较和脉宽调制模块，主同步串行口模块（SPI，I2C），增强型通用同步 / 异步收发器模块，ECAN（Enhanced Controller Area Network）模块，模数转换器模块等，可满足系统应用需求。微控制器 PIC18F25K80 具有 4 个捕捉 / 比较 / 脉宽调制模块和 1 个增强型捕捉 / 比较 / 脉宽调制模块，所有模块均可实现标准的捕捉、比较和脉宽调制模式，利用其捕捉模式，捕捉籽粒通过检测区域的脉冲信号，进行计数统计，从而实现 5 路播种信号的实时监测。数据传输采用 CAN 总线接口，CAN 接口芯片选用高速收发器 TJA1050，支持 CAN 技术规范 2.0A/B，最高传输速率达到 1Mbps，微控制器内部 CAN 协议模块主要包括 CAN 协议驱动、过滤器、屏蔽器以及收发缓存器，完成与 CAN 总线的数据传输。

播种传动传感器采用霍尔传感器，用于检测播种传动部件转动。当播种传动部件动作时，说明播种作业正常进行，声光报警则可以有效避免频繁报警和误报警。

（二）播种质量监测系统

播种质量监测系统采用光电监测技术，具有漏播、堵塞监测与报警，播种计数等功能，适用于玉米、大豆作物的免耕精量播种机的播种质量监测。监测系统工作电压 8 ~ 15V，消耗功率低于 10W。播种质量监测系统主要由播种监测传感器、监控终端、播种传动传感器等组成。

1. 播种监测传感器

播种监测传感器采用对射式结构，需要将发射、接收两端对齐获得较好的监测效果。播种监测传感器由发射端、接收端、对齐连接杆及数据线组成。发射、接收传感器分别封装在发射端壳体和接收端壳体内，从壳体正面的开孔露出，两端的相对位置通过连接杆对正，被测量的排种管被夹紧在发射端，接收端及连接杆之间的区域内，从而监测籽粒在排种管内的流动情况。同时发射端与接收端间距通过连接杆进行调整，可满足不同播种管的监测需求。

2. 监控终端

监控终端主要完成数据的解算、播种质量的评判、作业统计、显示、故障声光报警等功能。监控终端集成有各播种体监测开关、显示屏、系统设置按键，以及多路播种的报警指示灯。显示屏上默认显示各路排种粒数及播种总粒数，通过操作按键可以查看其他数据或设定相关参数，拨动报警开关可以对各路播种报警的声光提醒进行单独开关操作，方便地头或者不足垄数作业监控的需求。

3. 播种传动传感器

播种传动传感器利用霍尔效应，实现对播种动力传动轴工作情况的监测。传感器与传动齿轮齿峰间距为 2 ~ 3mm，当传动齿轮转动时，传感器尾部的指示灯会闪亮；当不进行播种作业时，监控系统不会误报警，以保证播种监测、报警的有效性。

三、应用效果

播种监测装置实现玉米精量播种的自动和实时监控，当出现漏播、堵塞等播种异常情况时，适时提醒机手采取必要技术手段加以处理，解决传统玉米播种机播量难以精确控制、播种过程存在堵塞漏播、播种作业质量差等问题，有效提高玉米播种机的工作质量和效率。播种质量监测系统能够对播种计数、漏播、断播情况进行监测，播种量监测精度相对误差不高于 0.5%，漏播监测准确率相对误差不高于 5%，种箱缺种监测准确率 100%，能够对播种过程全封闭的精量播种机进行有效的监测，避免发生大面积断条的情况发生，提高生产效率，减轻人工劳动负担。

四、标准规范

依据 GB/T 35383—2017《播种监测系统》。

（一）一般要求

（1）播种监测系统在室外温度 –50 ～ –20℃和相对湿度 10% ～ 85% 环境条件下应能正常工作。

（2）播种监测系统应能显示每行的重播数、漏播数、已播数及重播率、漏播率。

（3）播种监测系统配备传感器的响应时间应 ≤ 0.1s。

（4）播种监测系统应配备主电源（发电机）、备电源（蓄电池）、转换器。当主电源断电时，应能自动转换到备用电源；当主电源恢复时，应能自动转换到主电源。

（5）播种监测系统应具有故障报警功能，种子重播、漏播、堵塞、缺种等影响机具工作和播种质量的故障应能发出声、光警示，指示灯应具备红绿双色发光功能，红色表示故障报警、绿色表示正常，并应准确显示故障点位置。

（6）播种监测系统的接线端子应具有防水措施，电源、信号接线端子应分开设置。

（二）安全要求

（1）播种监测系统应符合 GB 19517 的要求。

（2）播种监测系统使用的电器元器件、电器导线、电器连线、控制装置安全设计应符合 GB 5226.1 的规定。

（三）可靠性要求

播种监测系统平均故障间隔时间应 ≥ 800h。

第二节　肥料变量控制技术

一、技术介绍

传统的施肥、播种存在一定的盲目性，近年来，随着测土配方施肥技术的推广，农户对大量元素平衡施用、微量元素因缺补缺有了一定认知。然而，由于测土配方施肥需要田间取土、室内化验的复杂工序，配方结果可能存在滞后性，且缺乏专业技术人员，该项技术较难推广应用。除土壤地力外，当地的作物产量、品种特性、前茬作物、气候等也是肥料配方设计的理论依据。作物的最终产量由施肥量和播种量决定，两者投入量适当，既获得高产又节约资源。配方施肥、播种量的设计需要以大数据平台作为支撑，平台大数据越详细，技术人员掌握的信息越全面，开出的"配方"效用越大。

随着卫星遥感、物联网控制技术民用化和在农业中的应用，农业数字化管理及精准农业近年在北美及西欧发展迅速，用计算机进行农场管理已逐渐普及，以网络或云为基础的农场管理平台也得到快速发展。农业数字化管理极大地提高了精准农业技术的应用。

107

借助全球定位系统（GPS），精准农业技术目前主要用于激光平地、自动驾驶、变量施肥与变量播种，以处理田块内由土壤质地、养分及水分等差异造成的作物生长不均衡问题。采用精准农业技术施肥可以减少化肥施用量、提高化肥利用率，同时结合变量播种技术可以使田间出苗更加均匀、作物生长更加均衡，从而以较小的成本实现产出最大化。

目前，我国氮、磷肥普遍存在施用过量现象，其施用量远高于世界平均施肥水平，不仅增加工业能耗和温室气体排放，同时加大了农业生产成本，污染了环境。氮渗入地下水严重影响水质，磷氮的流失造成水质富营养化以及蓝藻的发生。目前内蒙古自治区的肥料施用还是采用传统经验结合"以点带面"的施肥方法，没能达到对各块田地配方施肥，从而无法合理精确施肥。

随着国家实现化肥、农药施用总量的零增长，规模家庭农场的涌现以及大型私营与国有农场的商业化管理需求，对环境保护的重视程度增加以及磷矿资源将在 100～300 年后耗尽，科学合理使用化肥十分迫切。采用精准农业技术可提高农机作业效率，降低油耗，减少或合理使用化肥，减少环境污染，提高农作物产量，提高农场的管理水平。精准农业技术及农业数字化管理将是现代农业发展的必经之路。

变量配方施肥技术主要用于处理田块内肥力不均衡问题。通过调节施肥量，从而使化肥施用更加合理。由于以前我国农业结构原因，种植分散，每个农户的管理措施不尽相同，土壤养分必将有差异。随着空间遥感和物联网技术的应用，有效地突破小而分散的种植结构，使小区域内精准配方施肥、播种成为现实。精准配方施肥、播种在我国智能精准农业的探究，解决了同一田块内的地力不均衡问题，从而使作物生长一致，产出最大化。

以物联网为基础的精准农业，需由无线信息采集终端、本地上位机、无线传感网络、通用分组无线服务技术（GPRS）网络以及远程上位机等部分组成。目前，实现精准农业的方法有：实地勘察，结合土壤卫星图，采用电导率仪测定土壤质地类型，网络取样绘制土壤养分图、产量图等，联合相关专业人才和机构，借助北斗导航和高分卫星技术将精准农业理念引入实际生产，实施测土配肥、精量播种等技术帮助新型农业经营主体节约生产物资，提升农产品产量和品质，从原始的看天吃饭走向现今的知天而作。

此外，实地土壤勘察即土壤专家针对某一田块进行详尽地土壤调查，依据土壤质地及类型、土层厚度、有机质含量及酸碱度等把一块田划成不同的管理区域。土壤遥感图中的差异主要由于土壤中的黏土矿物颗粒、有机质和水分的差异造成，根据这些差异，一块田被划分成不同的管理区域，用于土壤取样、施肥和播种。通过遥感技术对田地进行分区管理，帮助客户进行分区精准施肥、播种，再运用农业生产大数据工具箱，让生产者管理土地、农资生产商计算订单更加便利。

对不同管理区域的土壤分别取样进行化验分析，比较各区域的速效氮、磷、钾等养分含量，根据差异设计肥料配方及精量播种方案。在实施精准施肥与精量播种过程中，可针对病虫草害防治制订具体方案，引导农户田间实施，除使用机械外也可通过人工调节的手段进行处理。

二、技术装备

变量施肥机用于农业作物精量施肥。根据目标施肥量、施肥速度和物料特性等，变量控制系统控制电动推杆自动调整出料口大小，实现变量施肥、处方图施肥的功能，达到精准适量施肥的效果，提高作物品质和产量。

（一）变量施肥机特点

（1）进口双圆盘离心式施肥机，质量可靠，施肥均匀，施肥宽幅可达 12～32m。

（2）采用原装进口称重传感器，称重准确灵敏；斜坡工作时，称重传感器不受侧向引力影响。

（3）自主研发变量施肥控制系统，控制精准，操作简单，性价比高。

（二）效果

（1）根据农作物和土壤状况，精准适量施肥，节省肥料，避免土壤板结，提高作物产量和品质。

（2）大幅度提升施肥速度，提高作业效率和设备利用率。

（3）实时动态显示已施肥区域，未施肥区域，重施、漏施区域，施肥状况一目了然。

（4）GNSS 定位导航，定位精度达厘米级，确保肥料撒播在正确位置。

（三）主要部件

（1）显示器：8 寸触摸显示屏，操作简单；实时显示肥料、工作模式、已施肥、可施肥等信息；动态显示施肥机工作位置和重施、漏施情况。

（2）控制器：控制器根据显示屏发送的命令自动控制电动推杆伸缩，实现出料口大小精准控制。

（3）GNSS 接收器：集卫星天线与接收机于一体，支持多种定位系统；可精确获取机具位置信息和行驶速度。

（4）称重模块：读取并传输称重传感器的信号值。

（5）称重传感器：高精度进口称重传感器，称重准确、灵敏；斜坡工作时，称重传感器不受侧向引力影响。

（6）电动推杆：电动推杆伸缩调整出料口大小，精准控制施肥速率。

三、应用效果

使用变量施肥技术能及时调用某地土壤类型及营养分布数据，从而调整化肥及农家肥品种及养分含量以保证营养均衡；生产中可根据土壤类型和营养分布数据制订施肥及播种

109

方案，追施氮肥，及时掌握病虫害情况，进而实施有效的防控措施，减少化学农药使用，保证食品安全。

从化肥的使用来看，化肥对粮食产量的贡献率占 40%，然而即使化肥利用率高的国家，其氮的利用率也只有 50% 左右、磷 30% 左右、钾 60% 左右，肥料利用率低不仅使生产成本偏高，而且造成地下水和地表水污染、水果蔬菜硝酸盐含量过高等问题。总之，施肥与农业产量、产品品质、食品和环境污染等问题密切相关。，精确施肥的理论和技术将是解决这一系列问题的有效途径。传统的施肥方式是在一个区域内或一个地块内使用一个平均施肥量。由于土壤肥力在地块不同区域差别较大，所以平均施肥在肥力低而其他生产性状好的区域往往肥力不足，而在某种养分含量高而丰产性状不好的区域则引起过量施肥，其结果是浪费肥料资源、影响产量、污染环境。

我国肥料平均利用率较发达国家低 10% 以上，氮肥为 30% ~ 35%、磷肥为 10% ~ 25%、钾肥为 40% ~ 50%。肥料利用率低不仅使生产成本偏高，而且是环境污染特别是水体富营养化的直接原因之一，众所周知的太湖、滇池的富营养化，其中来自肥料面源污染负荷高达 1/3 ~ 1/2。随着人们环境意识的加强和农产品由数量型向质量型的转变，精确施肥将是提高土壤环境质量、减少水和土壤污染、提高作物产量和质量的有效途径。实践表明，通过执行按需变量施肥，可大大地提高肥料利用率，减少肥料的浪费以及多余肥料对环境的不良影响，具有明显的经济和环境效益。

第三节　收获智能监测与控制技术

一、技术介绍

我国的谷物收获机在智能化以及自动化方面水平较低，一些中小型收获机械、监测系统逐渐趋于完善，能够对发动机的转速、风机转速以及脱粒滚筒的转速实时监测，并且通过显示屏幕、仪表盘、报警器进行反馈。但仍然存在实时监测系统不够智能、很多部件的运行程度需要靠驾驶员观察来实现、检测精度不高、不能够实时智能调控等问题。我国的谷物收获机智能监测系统的研制大多处于实验室研究阶段，国内产品质量比较好的谷物收获机有雷沃谷神、春雨、柳林、沃得等。雷沃公司与高等院校所研制的智能监测系统虽然能够比较好地完成监测，但是仍有待完善，因而在谷物收获机上还没有普及。春雨公司所研制的谷物收获机在转速检测方面取得一定成效，并且能够通过显示器作出实时预警。其他国内收获机品牌也已经逐渐开始谷物收获智能检测部件的研究，但其收获机仍然处于传统的机械收获阶段，缺少相应的智能监测系统。

农作物的机械化收获是实现农业现代化的重要环节。先进联合收获机械上，电子信息技术得到了广泛运用，根据联合收割机的作业质量自动调整各种工作参数，在提高生产效率的同时，将故障率控制在一定范围内，同时大大提高了整机的无故障工作时间。

在智能调控方面，上海交通大学研制出一套稳定性高的检测器件并且研制出相关的控制系统，该器件由冲量传感器和湿度传感器组成，对谷物的产量进行测量；优化了传感器结构，解决了传感器容易受振动影响这一缺点；同时设定了由 GPS 定位、传感器融合、控制器调节反馈以及远程通信组成的控制系统，提升了监测的精确度和稳定性。中国农业机械化科学研究院设计了一套联合收割机在线检测系统，该系统使用多个传感器采集信号、数据处理，还包括 CAN 总线协议和输出控制，实现了联合收割机运作过程中的各运动部件的检测，谷物的夹带损失检测以及 GPS 定位。基于 Microsoft Windows XP 系统设计的总控制器，完成采集数据的保存和分析，并且通过 CAN 总线实现与各个检测节点的通信。该设计工作稳定，基本实现了收割机田间作业的故障预警与检测。

在转速监测方面，中国农业大学提出了一种基于 CAN 总线的联合收割机脱粒滚筒测控系统的设计方法。各个检测节点由 LM3S8962 芯片构建而成，上位机监控软件则由 Lab Windows/CVI 构建而成，通过 CAN 总线协议完成上位机与各个下位机节点的通信。下位机节点可以实时处理各个下位机节点所检测的数据，并通过 CAN 总线输送给上位机，同时上位机可以提供良好的人机交互界面。该系统灵活方便、操作简单，实现了谷物收获机脱粒滚筒部件数据的采集与控制。

在割台仿形方面，西北农林科技大学提出了一种基于视觉技术监测的新方法，先通过数码相机获取小麦图像，然后基于图像处理技术识别田间倒伏小麦，获取未倒伏小麦的高度差，单片机控制系统进行处理，控制液压机构运作，达到割台高度自动调整的效果。

在自动对行方面，石河子贵航农机装备有限责任公司研制的五行国产采棉机自动对行系统，通过左右接近开关实现信号检测，采集信号发送至带 CAN 控制器的 51 单片机处理器，完成信号的处理，对步进电机角度和速度进行调整，带动液压转向轴转动来调节采棉机的转向来完成自动对行，成功解决了采棉机自动对行难的问题。山东省农业机械研究院以自走式玉米联合收获机为载体，研制了一种玉米收获机的自动对行系统，采用 TMS320F2407、XC3S500E 作为核心处理器，通过嵌入式工控机设置各个参数，通过 PID 控制方式进行调节，实现了玉米联合收获机的自动对行，提高了玉米收获机的自动化程度。

二、技术装备

（一）谷物自动测产

谷物自动测产系统既是精细农业关键技术之一，也是实施农田精细管理的基础。测产方式主要有冲量式、光电容积式和称质量式等。

1. 冲量式谷物流量传感器结构及特点

冲量式谷物流量传感器的工作原理是基于电阻应变式传感器的。该传感器安装在联合收割机升运器出口处，当谷物被升运器刮板推出升运器出口时，抛出的谷物撞击在弹性受力板上，使其发生变形，使传感器中的电阻应变片输出的电阻发生变化，进而导致传感器转换电路输出电压发生变化。具体为谷物流量越大，对弹性元件冲击变形越大，使输出电压越大；谷物流量越小，对弹性元件的冲击越小，输出电压也越小。通过标定使输出电压信号转变为谷物质量流量值来完成联合收割机出粮口的谷物流量测量。该传感器的优点是技术成熟、成本较低、使用安全、应用广泛，但其敏感元件易受收割机振动及外界噪声、搅龙速度、谷物品种以及谷物含水量等的影响。此外，其存在结构复杂、安装调试困难等缺点。

2. 光电容积式谷物流量传感器基本结构及特点

112   光电容积式谷物流量传感器由光栅接收器及发射器组成，被安装在谷物提升器上。提升器上升时，刮板上的谷物会断续遮挡发射器发射的光束，光栅接收器将与谷物厚度有关的断续光束转化为明暗相间的脉冲信号，将此信号处理后便可得到谷物体积流量，再经换算得到谷物产量。该传感器具有结构简单、成本低等优点，但其测量精度受谷物密度、谷物含水率、收割机倾斜度、探头易受粉尘污染等因素的影响，须要经常清洗和标定，性能不稳定。

3. 称质量式谷物流量传感器基本结构及特点

该传感器的测量方法为直接测量法，即升运器刮板上的谷物被输送到安装有测质量传感器的输送带上，称质量传感器可实时测量谷物质量，然后将检测到的信号传输给计算机系统，再结合测量装置中谷物流动时间得到谷物流量。该测量方法由于是直接测量，所受干扰因素较少。该传感器的缺点是运行不稳定，数据波动较大。

（二）籽粒损失检测

损失率是联合收割机的一个重要工作性能指标，也是联合收割机工作参数调整的重要依据。目前谷物损失监测主要采用压电传感器，针对现有传感器测量损失率精度不稳定等问题，国外学者做了相关研究。利用作物传感器敏感元件，通过谷物撞击敏感材料，使敏感材料产生振动，再由计算机系统分析传感器传输的振动信号来检测谷物损失。

三、应用效果

智能谷物联合收割机优势显著，主要体现在以下几个方面：

（1）拥有强大的功能。智能谷物联合收割机由于安装了喂入量自动控制系统、测产系统、谷物损失监测系统、自动导航控制系统等一系列智能化设备，不仅作业效率高、质量高，而且利用自动测产等技术得到的产量信息为下一轮作物播种、变量施肥以及药物喷洒等提供重要依据，使农田管理更科学、高效。

（2）劳动强度低、作业效率高。智能谷物联合收割机根据作业的具体环境对工作参数进行自动检测和控制，降低了操作人员的劳动强度，提高了作业效率。

（3）安全、可靠。先进的故障诊断系统可及时发现潜在的故障并使其得到快速解决，监视系统可根据作业环境及作业对象的变化进行自动调节工作参数，使机器始终处于最佳的工作状态，因此机械故障率和事故率大大降低，为高效作业提供了保障。

（4）节能、环保。智能谷物联合收获机通过拨禾轮转速自动调节、喂入量自动控制以及割台高度自动控制等技术使其始终保持在最佳的工作状态，效率高，节能减排效果显著。

（5）通用性强。通过收割机部件的模块化设计和标准接口，可以根据不同作物种类以及不同收获方式选择工作部件，构建不同功能的收割机。通过智能化技术，方便调节工作参数，满足不同作物收获的需要，从而实现一机多用，提高机具利用率。

参考文献

[1] 张免，吴建军，范鹏飞.农业栽培技术与病虫害防治 [M].汕头：汕头大学出版社，2022.04.

[2] 王林.蔬菜产业生产与机械化技术 [M].咸阳：西北农林科学技术大学出版社，2022.04.

[3] 赵学平，王强，张宏军.良好农业规范 GAP 栽培指南系列丛书·大棚甜瓜良好农业规范栽培指南 [M].北京：中国农业出版社，2022.01.

[4] 王志鹏.有机蔬菜节本高效栽培新技术 [M].北京：化学工业出版社，2022.01.

[5] 孙学武，郑永美，矫岩林，迟玉成，吕祝章.码上学技术·绿色农业关键技术系列：花生高质高效生产 200 题 [M].北京：中国农业出版社，2022.02.

[6] 宋晓玲，黄东，李丽.膜下滴灌加工番茄栽培现代节水高产高效农业 [M].北京：中国农业出版社，2022.04.

[7] 艾玉梅.大田作物模式栽培与病虫害绿色防控 [M].北京：化学工业出版社，2022.07.

[8] 赵志民，赵猛，于海宁，姜秀芹.玉米产业精品教材·玉米高质高效栽培与病虫草害绿色防控 [M].北京：中国农业科学技术出版社，2022.04.

[9] 胡勤俭.农业实用栽培技术 [M].郑州：黄河水利出版社，2021.04.

[10] 张万，张明科.乡村振兴农业实用技术丛书·陕西主要设施蔬菜实用栽培技术 [M].咸阳：西北农林科学技术大学出版社，2021.11.

[11] 郝俊邦.蔬菜栽培技术 [M].长春：吉林科学技术出版社，2021.07.

[12] 李向东，方保停，高新菊.优质专用小麦提质增效栽培技术 [M].郑州：中原农民出版社，2021.12.

[13] 谢贻格.水生蔬菜病虫害防控技术手册 [M].苏州：苏州大学出版社，2021.04.

[14] 彭世勇.蔬菜无土栽培实用技术 [M].北京：化学工业出版社，2021.05.

[15] 张伟，徐荣娟，刘拴成.农业栽培与病虫害识别防治技术 [M].长春：吉林科学技术出版社，2020.

[16] 吴正锋，万书波，王才斌，焦念元.粮油多熟制花生高效栽培原理与技术农学现代生物农业 [M].北京：科学出版社，2020.11.

115

[17] 陈长明 . 大宗蔬菜栽培实用技术 [M]. 广州：广东科技出版社，2020.03.

[18] 缑国华，刘效朋，杨仁仙 . 粮食作物栽培技术与病虫害防治 [M]. 银川：宁夏人民出版社，2020.07.

[19] 郭竞，申爱民，黄文 . 茄果类蔬菜设施栽培技术 [M]. 郑州：中原农民出版社，2019.01.

[20] 王淑芬，高俊杰 . 蔬菜高效栽培模式与配套技术 [M]. 北京：中国科学技术出版社，2019.09.